職認
場真
12

客戶一直來一直來

隨時派上用場的150個吸引新客戶、留住老客戶的業務祕密

NO NONSENSE
Attract New Customers

100+ Ideas to Bring In More Customers

JERRY R. WILSON

傑瑞・威爾森——著 龐元媛——譯

目次

如何使用這本書 10
速成祕訣1 比無禮的員工更糟的是…… 12
速成祕訣2 賄賂客戶的另一半 14
速成祕訣3 邀請全家 16
速成祕訣4 以T-E-A-M招攬客戶 18
速成祕訣5 善用你的人馬 20
速成祕訣6 叫他們「同事」 22
速成祕訣7 如果你想得到忠誠 24
速成祕訣8 我需要尊榮感 26
速成祕訣9 策略夥伴 28
速成祕訣10 堅持S-A-F-E原則 30
速成祕訣11 人對人的招攬 32
速成祕訣12 物以類聚 34
速成祕訣13 讓他們來你的地盤 36
速成祕訣14 要積極參與 38
速成祕訣15 刻意的關係 40
速成祕訣16 你是新客戶，還是回頭客？ 42
速成祕訣17 懂得欣賞忠誠 44
速成祕訣18 要有明確的成功願景 46
速成祕訣19 英雄故事 48
速成祕訣20 我看見的，你也看見了嗎？ 50

速成秘訣21 零變節 52
速成秘訣22 別讓潛在客戶不高興 54
速成秘訣23 推銷不能太逼迫 56
速成秘訣24 別讓魚溜回水中 58
速成秘訣25 照你的意思，還是照我的意思？ 60
速成秘訣26 要協助，不要推銷 62
速成秘訣27 恭維的力量 64
速成秘訣28 要快也可以 66
速成秘訣29 先向自己人推銷 68
速成秘訣30 解決問題 70
速成秘訣31 人很有意思 72
速成秘訣32 激勵新員工 74
速成秘訣33 尊重他們的時間 76
速成秘訣34 鎖定潛在客戶的興趣 78
速成秘訣35 買家全都是騙子 80
速成秘訣36 吹捧，吹捧，加碼吹捧 82
速成秘訣37 關注個人需求 84
速成秘訣38 我的名字不是老兄 86
速成秘訣39 小心奧客 88
速成秘訣40 要把特色當賣點 90
速成秘訣41 做不一樣的事情 92
速成秘訣42 要有創意 94
速成秘訣43 別急著推銷 96
速成秘訣44 信不信由你 98
速成秘訣45 試試不一樣的 100
速成秘訣46 客製化、客製化、客製化 102
速成秘訣47 小事情大收穫 104
速成秘訣48 要與眾不同 106

速成秘訣49 做別人沒做的事 108
速成秘訣50 向變色龍學習 110
速成秘訣51 用心經營第一印象 112
速成秘訣52 當個超級偵探 114
速成秘訣53 士氣高昂的員工＝忠實顧客 116
速成秘訣54 要懂得保護自己 118
速成秘訣55 史上最好的潛在客戶 120
速成秘訣56 發揮魔鬼沾的黏性 122
速成秘訣57 無所不用其極 124
速成秘訣58 多看產業期刊 126
速成秘訣59 你夠格嗎？ 128
速成秘訣60 每天開始營業之前 130
速成秘訣61 要宣傳才能推銷 132
速成秘訣62 聯絡資料也要更新 134
速成秘訣63 留下痕跡 136
速成秘訣64 向聯邦調查局學習 138
速成秘訣65 第一個聯想到你 140
速成秘訣66 布丁可口的指標 142
速成秘訣67 那明天呢？ 144
速成秘訣68 你的電梯演說 146
速成秘訣69 指出問題在哪裡 148
速成秘訣70 追回流失的客戶 150
速成秘訣71 免費還是有用的 152
速成秘訣72 眼不見，心不念 154
速成秘訣73 電子郵件：是敵是友？ 156
速成秘訣74 服務不打烊 158
速成秘訣75 神奇的關鍵字 160
速成秘訣76 品質是最好的代言 162

速成祕訣77 跟上科技的腳步 164
速成祕訣78 你的形象能否助你一臂之力？ 166
速成祕訣79 不要把任何事情視為理所當然 168
速成祕訣80 謹防未經診斷的處方 170
速成祕訣81 要讓客戶方便購買 172
速成祕訣82 要給客戶安全感 174
速成祕訣83 言多必失潛在客戶 176
速成祕訣84 累積信任 178
速成祕訣85 一路蠢到掛 180
速成祕訣86 試試「撂人名」 182
速成祕訣87 免費的東西難以抗拒 184
速成祕訣88 廣告要有創意 186
速成祕訣89 取得免費的資金 188
速成祕訣90 一個神奇的問題 190
速成祕訣91 要鎖定有錢、有權、有需求的買家 192
速成祕訣92 是，不，可能吧 194
速成祕訣93 大就是好 196
速成祕訣94 建立人脈網 198
速成祕訣95 別拿同一套對付所有人 200
速成祕訣96 在情場與戰場可以不擇手段 202
速成祕訣97 他們知道的，你知道嗎？ 204
速成祕訣98 讓好的行為再現 206
速成祕訣99 傳統是神聖的 208
速成祕訣100 小狗暖心的舔舐 210
速成祕訣101 別給他們理由 212
速成祕訣102 你賣的是什麼？ 214
速成祕訣103 一切都很重要 216
速成祕訣104 你什麼時候需要？ 218

速成祕訣105 訂單流失＝機會 220
速成祕訣106 讓他們決定 222
速成祕訣107 不只是「滿意」 224
速成祕訣108 價值的看法 226
速成祕訣109 善用大量 228
速成祕訣110 重點全在於價值 230
速成祕訣111 這個要多少錢？ 232
速成祕訣112 展現所有的長處 234
速成祕訣113 你能做什麼 236
速成祕訣114 賣點在於價值，而非價格 238
速成祕訣115 十塊美元的愚蠢 240
速成祕訣116 失去光環 242
速成祕訣117 說出你能做什麼 244
速成祕訣118 你有沒有在聽？ 246
速成祕訣119 早起的鳥兒有新客戶 248
速成祕訣120 溝通的問題 250
速成祕訣121 不接受「不」 252
速成祕訣122 選擇性聆聽 254
速成祕訣123 要是有時間就好了 256
速成祕訣124 預先考慮障礙 258
速成祕訣125 決定不推銷 260
速成祕訣126 防彈溝通 262
速成祕訣127 注意細節 264
速成祕訣128 使用你的設計 266
速成祕訣129 微笑，微笑，微笑 268
速成祕訣130 要明白不知道也沒關係 270
速成祕訣131 別當笨拙包柏 272
速成祕訣132 創造你的個人金礦 274

速成祕訣133 瘋狂原則 276
速成祕訣134 小心致命的窠臼 278
速成祕訣135 尋求幫助 280
速成祕訣136 強調正面的部分 282
速成祕訣137 要駕馭網路 284
速成祕訣138 要講實話 286
速成祕訣139 你的成績究竟如何？ 288
速成祕訣140 認識「常見銷售狀況」大叔 290
速成祕訣141 不要隨便路過 292
速成祕訣142 不要售後不理 294
速成祕訣143 整理你的潛在客戶 296
速成祕訣144 失敗的痛苦 298
速成祕訣145 碰到意外也不意外 300
速成祕訣146 有些錢不能省 302
速成祕訣147 做個資訊通 304
速成祕訣148 專心擦亮招牌 306
速成祕訣149 要投資自己 308
速成祕訣150 堅持的重要 310
關於作者 313
中英名詞對照表 316

如何使用這本書

這本書所介紹的每一項速成祕訣，都是經過精挑細選，能直接或間接幫助你吸引新客戶，留住舊客戶、建立美好的關係，經營成功的企業。

書中的速成祕訣，不必一下子全數套用，因為有些可能不適合你的經營現況。建議你先全部看過一遍，只挑選目前最能奏效的運用。別擔心，你還是可以定期複習其他的速成祕訣。

建議將你選中的速成祕訣分為三類：

一、現在執行。

二、三十天後再評估。

三、介紹給同事。

邀請你的員工與你一起挑選，一同執行這些速成祕訣，有了成效也別忘了感謝他們！這本書也可以多買幾本，送給員工參考。邀集公司上下一起挑選，提出合用的速成祕訣。

每隔九十天，就重看一遍這本書。隨著你的企業經歷變遷，面臨的競爭更加激烈，你會發現更適用的新速成祕訣。

別忘了，書中的每一項構想，都經過美國及世界各地的企業驗證有效。別人用了有效，你也會一樣！

速成祕訣 1

比無禮的員工更糟的是……

並不是每個人都適合為你招攬新客戶。或許以前有人告訴你，現在我再說一次：態度是錄用的門檻，才幹是訓練出來的。你的公司負責接待客戶的員工，必須面帶微笑接待客戶。適合招攬客戶的員工，態度必須討喜、正面、親切。不具備這種心態的人，沒有資格在你的公司工作！

你該怎麼做

如果你的員工不願努力招攬新客戶，就要評估他們是否適任。有能力招攬客戶的企業，會時時評估員工能否幫助公司達成目標。

美國伊利諾州的一家農具專賣店，知道他們的零件經理是牽引機、聯合收割機，以及農具設備的活百科全書，卻也必須承認，他也是落磯山脈以東脾氣最差的人。他老是惹毛同事，趕跑客戶。公司最後終於決定請他另謀高就。這位問題員工一離開，很多潛在客戶立刻回到這家店，成為客戶。顯然此人多年來嚇跑不少人，搞得潛在客戶不敢上門。他前腳才出門，情況就整個翻轉，農具店的生意馬上有了起色。

幫你抓重點

唯一比允許惡棍員工嚇跑新客戶更糟糕的事情，就是花錢請他們這樣做！

速成祕訣2

賄賂客戶的另一半

天底下沒有比向潛在客戶推銷成功更美好的事，但不妨也向他們的配偶或另一半推銷。潛在客戶能成為你的客戶，說不定他們的另一半正是最大推手。畢竟能提升對潛在客戶的影響力，總是件好事。

你該怎麼做

現在就開始，將你的潛在客戶與客戶的另一半、姓氏，以及住家地址做成資料庫。在未來的日子裡，這份名單就是你手中最有價值的一份資料。

有一家大型批發商，打算在美國田納西州納許維爾的歐普蘭飯店舉行銷售大會。他決定要邀請潛在客戶的另一半出席。他的公司花了不少心力，製作潛在客戶的另一半的姓名的資料庫。他寄出邀請函到他們的家中，邀請他們參加完全免費的周末大會，現場備有開胃小菜、美食，以及一點點的商業交流，還有頂級娛樂。另備有真正的豪華房間、一瓶美酒，以及一張用以支付雜費的禮物卡。受邀賓客也有自由活動時間，可盡情享受飯店設施。這次活動空前成功。甚至可以想像，有些客戶的配偶與另一半，比潛在客戶本人更欣賞這家公司！儘管如此，這場活動還是收效甚廣，這家大型批發商多了好幾位大客戶。

幫你抓重點

要盡量擴大你對潛在客戶與客戶的影響力，所以要用盡一切方法，說服他們與你合作。潛在客戶的配偶或另一半，往往能發揮臨門一腳的作用，說動潛在客戶選擇你的公司。

速成祕訣 3

邀請全家

如果你真的希望擁有長期的知名度，讓潛在客戶相信你是最佳選擇，那寄商品資訊到潛在客戶的家中，會有極佳的效果。當然你要留心寄出的內容，務必要能發揮宣傳與促銷的作用，但只要發揮創意，你的選項就會無窮無盡，比方說可以利用漫畫，有趣的內容，或闔家都能參與的比賽。

你該怎麼做

設計一些潛在客戶與客戶的家人也能參與的活動。這樣做所需的費用極低，甚至毋須費用，卻能創造驚人的宣傳與促銷效益，將難以說服的潛在客戶，變成花大錢的大客戶。讓客戶的家人助你一臂之力，說服客戶與你合作。

美國維吉尼亞州的一家輪胎公司，希望員工與潛在客戶，都更了解公司是如何追求成長、追求成功，以及如何服務客戶。於是這家公司開始寄出精美的商品資訊，到資料庫所記載的每一位潛在客戶與客戶的家中。商品資訊印著一組號碼。每個月，公司會隨機選出兩個家庭，由公司人員致電。如果接電話的人看過商品資訊，能背出號碼，公司立刻就會寄出兩張脆脆的一百美元新鈔。公司雖然每個月要付出四百美元，但也讓大約一千名潛在客戶與客戶認識他們的商品資訊，期待它的來臨，並閱讀商品資訊的內容。

幫你抓重點

要說服潛在客戶成為你的客戶，再多的助力都不嫌多。不要怯於接觸客戶的家人，畢竟對各方都有好處。

速成祕訣4

以T-E-A-M招攬客戶

在你的公司，招攬客戶應該是團隊行動。T-E-A-M代表「團結起來，個人就能成就更多」（Together Everyone Accomplishes More）。一群人一起努力爭取客戶，散發出的力量、綜效、激情、熱忱，以及創意，無法以其他方式複製。在這個速成祕訣，我們建議你組織一個團隊，叫做「招攬客戶小組」。

你該怎麼做

今天就成立招攬客戶小組，執行這些構想，看看之後的成果。小組的成員要盡量多元。要觀察小組合作的狀況，必要時要勇於調整人力。

每星期二早上七點，來自各部門的一群人，會在一家餐廳開會，規畫這個禮拜的招攬工作。會議的主持人是公司的全國銷售經理，在會議一開始，先提出上一周的前十大潛在客戶，以及上星期二的行動計畫的執行結果。接下來與會人員要一起擬定新的前十大名單。前十大名單確認之後，再一起規畫該周的幾條行動項目，分配工作給小組成員。他們真正的成功祕訣，在於整個團隊流露出的力量與綜效。麥當勞的創辦人雷·考克就是很好的例子。他說過：「我們當中沒有一個人，比我們整個團隊更聰明。」

幫你抓重點

不要坐等經營出現起色。今天就成立你的工作小組，經營就會有起色！

速成祕訣 5

善用你的人馬

你為何需要爭取新客戶？是不是因為你的公司經營不善，現有客戶不斷流失？你是否準備要讓工廠的產能滿載，或是成立新的據點？你是希望衡量以達到規模經濟，還是要補滿所有企業都會面臨的客戶自然損耗？

希望你是因為要追求企業的成長。

如果你的目標是追求成長，就要記住，適度教育潛在客戶與員工，能為你創造極大的機會。我最喜歡的一句話是這麼說的：「你的企業要能成長，員工才會成長。而你的員工必須成長，你的企業才能成長。」想想科技的爆炸性成長，能如何運用在教育，讓教育成為你招攬客戶的基石。勵志格言作家威廉．亞瑟．沃德說得對：「平庸的老師只會照本宣科，好老師會解說，更好的老師會示範，偉大的老師則是會啟發。」你規畫公司的教育訓練，也要記住這段話。聰明的員工會有聰明的決策，能提升整個公司的經營。

你該怎麼做

檢視你的銷售團隊與員工。評估他們的技能，思考有哪些教育訓練機會，能提升他們的技能。再想想哪些現有的科技能用於推銷，以及建立與客戶之間的關係。

攤開各主要大學的財務，你會發現校友是最大金主。大學會運用校友以及教育的力量。

幫你抓重點

想提升你的企業，千萬不要忽視員工教育的力量。

速成祕訣 6

叫他們「同事」

很多企業主必須解決的尷尬問題，是如何稱呼公司同仁。是該稱呼他們「員工」、「職員」、「人員」、「人力」，還是什麼別的名詞？我經過詳細研究所做的選擇，是稱呼他們**「同事」**。如果你採用的是僕人式領導，也就是以服務他人為目標，而不是一心追逐權力或控制，那你就會認為，你的目標應該是與潛在客戶建立關係。你與你的同事是共事的夥伴，一同服務、協助，形成一種有益的關係。

你該怎麼做

要稱呼你的員工「同事」，也要給予同事的尊重。他們很快就會將自己當成真正的同事，行為也會開始像個真正的同事。但如果你的員工不認為自己是你的同事，那這樣做就會有反效果。

在沃爾瑪帝國的發展初期，成長率與市占率才開始上升，創辦人山姆．沃爾頓的妻子就說服他，要稱呼員工「同事」。她認為與員工分享獲利，員工就會全面接受沃爾瑪的理念，也會身體力行。結果奏效了嗎？如果你曾在一大早前往沃爾瑪門市，看見全店的員工開會，高呼沃爾瑪的口號，你就知道這些員工是真心相信沃爾瑪提倡的價值與利益。很多沃爾瑪的同仁也成為公司股東，累積不少財富。

幫你抓重點

你告訴我的，我會忘記。你給我看的，我可能會記得。你讓我參與，我就會理解。這段話道盡同事之間的關係。

速成祕訣 7

如果你想得到忠誠

無論是一人、兩人、十人，還是一百人為你努力爭取新客戶，有時候你必須以具體的方式，表達感激之情。表達方式可以很簡單，例如買些甜甜圈給大家吃，也可以很隆重，例如舉辦年度晚宴，感謝同仁的辛勞。無論採用什麼形式，重點是要給予具體的獎勵。也可以把獎勵的預算拿出一部分與員工分享！

你該怎麼做

以具體的方式，感謝員工對你的協助，員工明天就會很樂意再次協助你。你的員工所期待的，不只是拍拍背，說聲謝謝而已。

辛蒂的老闆看見自己的桌上擺著一疊新的信件，他知道這是辛蒂辛苦工作的成果。那疊信件的上方，有一張字條寫著：「如果你想要忠誠，去養條狗，我工作是為了錢。」老闆看了辛蒂的字條，笑了笑，卻也懷疑辛蒂是不是在暗示什麼。他問辛蒂，辛蒂笑著說：「不是，我工作確實是為了錢，但我沒有要求加薪的意思。我只是認為你看了會覺得很好玩。」老闆是覺得很好玩，卻也深深記在心裡。他發現有時候光說一句「謝謝你」是不夠的。員工總是喜歡有形的獎勵，而忠誠可以用很多方式獎勵。

幫你抓重點

得到獎勵的行為會再次出現。

速成祕訣 8

我需要尊榮感

想想上一次有人讓你覺得自己很特別，你心中泛起的那股強烈的溫暖光芒。會有這種感覺，也許是他們看見你脖子上掛著招牌，上面寫著「我需要尊榮感！」想搶走競爭對手的客戶，基本原則就是要讓客戶覺得受到喜愛、需要、重視。你每次看見潛在客戶或客戶，就在心裡為他們的脖子掛上「我需要尊榮感」，而且要以具體行動營造尊榮感。

你該怎麼做

想想你該怎麼做，才能帶給客戶尊榮感。建立一個制度，每一天都要帶給每一位客戶尊榮感。

蓋兒是一家大型保險公司的區域副總裁。她懂得運用「我需要尊榮感」原則，不但能吸引新客戶，還能留住老客戶。她若希望潛在客戶能在某個地區代表她的公司，或是希望現有客戶能以特別的方式，嘉惠她其他的客戶，她所用的方法是對他們說，他們是頂尖中的頂尖，客戶就有了尊榮感。她拜託客戶做事，也會告訴客戶，她只會選最傑出的人才。很少人會拒絕她的要求，跟她合作的客戶，往往也成為她的忠實客戶。蓋兒了解客戶的需求，帶給客戶尊榮感，所以很多客戶也從原本的觀望，轉為樂於與她合作。

幫你抓重點

製作「我需要尊榮感」的字條、招牌或海報，放在你家的鏡子上，你的汽車的儀表板上，或是你辦公室的電話旁邊。每次聯絡客戶，都要牢記在心！

速成祕訣 9

策略夥伴

大多數的公司認為，要與潛在客戶建立關係，潛在客戶才會成為客戶。問題是許多公司往往會利用與客戶的關係，大肆撈好處，甚至販售客戶不需要的東西。別犯這種錯誤，要將潛在客戶視為真正的夥伴。你與客戶應該攜手合作，讓獲利與生產力更上層樓。

你該怎麼做

製作客戶與潛在客戶的名單。思考你為何能與每一位相處融洽，如果相處不愉快，也要弄清楚原因。要努力強化與客戶的關係，直到形成地位平等的夥伴關係。

一頭白髮的麥克是非常成功的企業主，招攬客戶的事宜向來交給銷售團隊打理。銷售團隊要負責設宴款待潛在客戶，若是研判有必要，再由老闆親自拜訪，說服潛在客戶與他們合作。麥克前往潛在客戶的公司，進入會議室，將一個不起眼的棕色盒子，放在會議室的桌上。潛在客戶總不免要問，盒子裡裝著什麼？麥克打開盒蓋，露出裡面的蛋糕、刀叉、盤子。他對客戶說，他希望在這一天能與客戶結為夥伴，而且要切蛋糕慶祝，有點像是準婚姻。這種策略屢屢奏效，蛋糕與麥克本人幾乎每一次出現，都發揮臨門一腳的作用。麥克運用這種策略，主動與每一位客戶締結長久的夥伴關係。

幫你抓重點

潛在客戶要先知道你有多在乎他們，才會在乎你。你與潛在客戶之間的關係，必須對雙方都有好處。你的潛在客戶必須了解，你不會利用他們，也不會利用他們與你的關係。

速成祕訣10

堅持S－A－F－E原則

說真的，招攬客戶不僅辛苦，還要耗費大把時間金錢，但卻是必要之惡。無論你喜不喜歡突襲電訪、招攬客戶、不斷尋找新客戶，你都得做這些事。你不一定要喜歡，卻一定要完成。重點是在整個過程中，要讓你的潛在客戶覺得S－A－F－E（Secure, Accepted, Free of Fear, and Enthusiastic〔安全、受到喜愛、免於恐懼、有熱情〕）。

你該怎麼做

永遠要遵守S－A－F－E原則，讓別人知道可以放心參加你舉辦的活動。在任何關係，安全感都是絕對不可或缺的部分。

有一位本地的主任牧師，邀請大約九十位教堂牧師，與他共進免費的午宴。

他要以無壓力、無推銷、無尷尬的方式，闡述他打算如何協助各教堂成長。他一連寄出三封信件、一封電子郵件，加上一通電話，宣傳這次的活動。幾個人捨得錯過免費的午餐？

午餐結束後，這位精明的主任邀請在場的每一位牧師填寫問卷，註明是否需要他的服務。他立刻聯絡對他的服務有興趣的牧師，建立關係。至於那些並未表示有興趣的牧師，至少他也親自見過面，可以開始培養交情，久而久之這些牧師也會支持他的傳教工作。

幫你抓重點

要降低招攬成本，又要有具體成效，最好的辦法是在營業時間內，舉辦早餐或午餐會。推出誘人的主題，再加上免費餐點，你會發現潛在客戶瞬間變成忠實客戶。

速成祕訣11

人對人的招攬

想在短時間內鼓勵潛在客戶與你聯繫，有個辦法是指派一名內部人員，作為潛在客戶直接聯繫的窗口。再訓練這些內部人員多方了解潛在人員。萬一潛在客戶主動聯繫，也要做好應對的準備。每一位潛在客戶，都配有一位專屬的服務人員，潛在客戶就會非常樂意主動聯繫你的公司。

你該怎麼做

委請數位攝影廠商，製作平價又別緻的名片，可以低價或免費更新。市面上有不少製作相片名片的廠商，而且以現在的科技，可在最短時間內製作完成。

有一家大型汽車經銷商懂得這個道理之後，就全面調整接觸潛在客戶與客戶的方式，因為他們發現要賣的是人，不是車。他們發放印有同仁的照片的名片。名片背面有同仁的簡介、同仁在公司的服務資歷，以及對客戶的承諾。公司也將所有內部客服人員的照片，連同姓名、職稱、電話分機號碼，印在八．五×十一吋的頁面。客戶致電給這家汽車經銷商，對於通話的對象就多一層認識。這個策略對這家公司非常有效，對你的公司也會有效。

幫你抓重點

要定期安排客服代表與潛在客戶會面，培養了交情，合作就能更順利。

速成祕訣12

物以類聚

你所能做的最有價值、最有創意、最精采刺激的事情，是串連其他經營型態與你類似，但並非你的直接競爭對手的企業。更理想的是製造機會，拜訪其他擁有類似設備的公司，觀察別的公司的商業模式。你們雙方都能從彼此的強項與弱點學習，也能參考彼此成功與失敗的經歷。

你該怎麼做

不妨成立你自己的小團體。找出與你們類似的企業，建立對各方有益的關係。有不少資源能幫助你找出這樣的企業。重點在於你要知道，別的企業也能幫你一把！

美國東北部的一家診所，業績向來好得出奇。將近二十年來，他們的系統與基礎設施運作順利，但他們發現與他們雷同的新構想，也有極佳的效益。他們透過一家醫學協會，找出美國各地十二家與他們非常類似的診所，而且這十二家診所，都不是與他們鄰近的競爭對手。他們寄了邀請函給這十二家診所，很快就組織了一個小團體，一年聚會兩次。每次聚會為期兩天，一同討論現有的設備，各自的經營狀況，也分析各家有哪些經營策略有效，哪些又無效。說來真的很神奇，一群商業人士聚在一起分享最好的構想，每個人回去之後，對於自家診所的經營，也就有了新的想法。這大概是持續認真招攬，所能獲得的最大收穫。

幫你抓重點

我最喜歡的卡通人物瑜伽熊常說，認真看就會看見很多。想想你與所見略同的人建立關係，會創造什麼樣的效益。

速成祕訣13

讓他們來你的地盤

想要擁有新客戶就必須了解，你最終能否說服潛在客戶與你合作，權力是一大關鍵。你只要身在客戶的營業場所，或是在他們的地盤，就處於嚴重的劣勢。客戶成為掌握權力的一方，能主導後續的發展。比較理想的辦法，是你與客戶在中立場所見面，以平等的地位互動。最理想的狀況，是安排客戶到**你的**地盤，由你主導後續的發展，客戶也會全程專注。

你該怎麼做

討論該如何吸引潛在客戶離開辦公室，前往中立場所。再想想有哪些辦法能讓潛在客戶前往你的地盤，由你主導局面。

戴夫是與新客戶建立交情的大師。他所用的策略之一，是盡力安排與潛在客戶在中立場所見面。他每次要推出特別專案，或非常優惠的交易，就會邀請潛在客戶與他一起吃早餐、喝咖啡、吃午餐，或是享用下午茶，客戶就能全神貫注聽他說。他會盡量安排在自己的辦公室，與客戶見面。在自己的地盤，較能主導全局。你會用什麼方式，吸引潛在客戶前來中立場所，提升潛在客戶成為新客戶的機會？

幫你抓重點

如果要做很精采的簡報，不妨邀請潛在客戶一起吃飯或喝咖啡，讓他們離開熟悉的環境，進入你的影響力範圍。

速成祕訣14

要積極參與

各行各業都有協會可以加入。這些協會團體擁有大量資源，會員能掌握業界變遷、與業界最成功的人士交流，參考其他人的經營方式。參加協會有兩大祕訣，要將應付款當成投資，而不是成本，而且要記得，必須參與才能有所收穫。想要藉由參與而有所收穫，要記得R－A－V－E原則：閱讀（Read）所有資料、參加（Attend）活動、擔任志工（Volunteer）、享受（Enjoy）社交。

你該怎麼做

研究哪些本地、區域或全國協會適合你參加。仔細挑選你感興趣的幾家，詢問如何成為會員。要記得R－A－V－E原則（閱讀、參加、志工、享受）！

一場暴風雪無情肆虐，有些員工照常上班，有些員工沒來上班，老闆梅伊不知道該如何計算薪水。她帶著未解的煩惱，參加協會的聚會。到了現場，她發現許多跟她同樣當老闆的人，也在煩惱同樣的問題。原來她並不孤單。那天會後，她有了答案，也有一份名單，是在未來遇到類似難題，能請益的對象。積極參與優質的協會，就能獲得最理想的學習資源。

幫你抓重點

成功有一半是你認識誰，有一半是誰認識你。優質的協會能為你同時補足這兩半。

速成祕訣 15

刻意的關係

你可曾想過，你的人生中有幾段重要的關係，是機緣促成的？如果你的人生中有配偶、摯友，或是重要的另一半，那你們一開始之所以認識，可能是巧合使然。但初次見面之後，你們會刻意抽出時間經營關係。這就變成**刻意**的關係，因為你們刻意安排時間與空間，了解彼此。這個速成祕訣的重點，在於「刻意」，代表你要付出努力，投資在這段關係上。希望你刻意經營的每一段關係，都能帶來豐厚的投資報酬。

你該怎麼做

你的字典要新增「刻意」一詞，往後都要追求「刻意」關係。

我們在這本書強調要提供絕佳的服務，是因為絕佳服務是創造正面關係的途徑。你用心經營刻意的關係，就會創造商機，獲利也會成長。但在達成此目標之前，你必須履行承諾，拿出優質的服務，才能培養刻意的關係，就能將潛在客戶變成客戶。

幫你抓重點

機遇能開啟很多道門，但你必須懷抱良善的意圖，才能走進這些門。刻意的關係需要花時間，花力氣經營，但絕對值得！

速成祕訣16

你是新客戶，還是回頭客？

新客戶希望有人體貼，希望得到特殊待遇，希望與你往來，能得到你的奉承、喜愛，與感謝。但新客戶並不會比舊客戶重要，要記得兩者都要重視。你需要的是一個制度，能辨識回頭客，也能辨識並回饋第一次光顧的新客戶。重點在於每天都要如此對待每一位客戶。

你該怎麼做

建立資料庫，追蹤每一位新客戶與回頭客。再設計出簡單有效的方法，持續回饋這兩種客戶。

美國加州的幾家保齡球館發明一種制度，回饋回頭客以及第一次光臨的潛在客戶。他們問一個簡單的問題：「您在我們家打過保齡球嗎？」客戶要是說

「有」，經理隨後會走向正在打保齡球的客戶，感謝他們再度光臨，還會贈送下次消費可使用的優待券。如果客戶說是第一次光臨，店家就會贈送一本小手冊，內容介紹這家保齡球館與眾不同的幾大特色。經理也會前來感謝新客戶光臨，並贈送兩張免費飲料券，一張本次使用，另一張可於下次消費使用。你現在用什麼方式辨識新客戶，同時回饋老客戶？

幫你抓重點

每個人都希望成為店家另眼看待的上賓，所以一定要讓客戶知道，你有多重視他們。客戶喜歡去自己覺得受到歡迎的地方，也會再度光臨懂得感謝他們的店家。

速成祕訣17

懂得欣賞忠誠

尋找新客戶的過程中，有時會遇到刻意與你保持距離的新客戶，因為他們忠於目前的廠商。他們難免會告訴你，目前合作廠商的服務是如何貼心。我們想爭取客戶，所以直覺反應就是為自己辯解，想要扭轉客戶對於其他廠商的忠誠度。千萬別這樣，否則只會引來潛在客戶的反感，你就更不可能拉攏他們。遇到這種情形，有更好的處理方法。

你該怎麼做

要懂得欣賞忠誠，而且要告訴潛在客戶，你很欽佩他們的忠誠。然後繼續推銷。總有一天，客戶的需求會改變，或是原本合作的廠商會辜負他們。到那時候，你必須要能立刻接手服務。

潛在客戶向你述說他們對其他廠商的忠誠，你該做的第一件事情，就是稱讚他們。你想清楚就會明白，忠誠是一種難得的人格特質。你難道不希望每一位客戶都死心塌地忠於你，甚至不惜狠心拒絕每一位競爭對手？你該做的第二件事，是承認忠誠是難能可貴的品質，在如今的商業界格外罕見。至少一般人都是這麼想的，但我認為忠誠的人應該比我們想像得還要多。

幫你抓重點

要記住，要先取悅客戶，才會有忠實客戶。要做好準備，隨時把握住想更換合作對象的客戶，你就能擁有對你忠誠的新客戶。

速成祕訣18

要有明確的成功願景

心理學家、勵志專家，以及許多作家都說過，你對於你的未來的想像，是可以實現的。這種方法叫做「意象」，能助你達成了不起的成就。

你該怎麼做

想像你的公司的願景，把它寫下來。把願景製作成海報，向公司的每個員工介紹，輸入答錄機或語音信箱，附在信紙的信頭下方。讓成功願景圍繞著你。

著有《我的人生思考1：意念的力量》的知名作家詹姆斯．艾倫曾說，我們的使命，是想像能引領我們走向成功的願景。舉例來說，把你的潛在客戶想像成你的客戶。在你的心中，想像他們參加你的策略會議，向你下大訂單。想像他們穿著印有你的公司商標的外套，與你共進午餐。想像他們在高爾夫球場上，跟你一起打後九洞。想像他們參加你下一次的釣魚之行。想像這些成功的願景，對於你跟潛在客戶的談話格外有用。你想像這些場景，潛意識也會更努力達成這些目標。

幫你抓重點

你認為你做得到，就一定做得到！反過來說，你認為你做不到，那就絕對做不到！

速成祕訣19

英雄故事

大家都喜歡英雄故事。你與員工為了服務客戶，是如何赴湯蹈火，排除萬難的英雄故事，會是極佳的行銷工具。潛在客戶聽了可能會想成為你的客戶。要蒐集你自己的英雄故事，練就說故事的技巧，因為這些故事的影響力，更甚於你花錢能買到的所有廣告與宣傳。

你該怎麼做

別小看對你有利的英雄故事的力量。你的公司應該正在上演英雄故事，要仔細找找，善加利用！

瑪莉到店裡載移動式拖車，這才驚覺原本應該要幫忙將拖車拴在她的休旅車的店家，竟然快要打烊了。她一下班就急著趕過來，還以為店家再過一小時才會打烊。但店家公布的營業時間其實有誤。瑪莉向店家求助，當時老闆以及一名員工都還在店裡。瑪莉說，她隔天早上要載她的兒子（還有兒子的一大堆東西）到大學去。要是沒有拖車，她就沒辦法運送兒子未來一年所需的家具與個人物品。老闆叫瑪莉把休旅車開進來，他與同事留下來，把拖車裝好。他為營業時間的資訊有誤，向瑪莉致歉，也幫助瑪莉解決難題。

這位老闆很喜歡把瑪莉的故事，說給其他客戶聽，不僅對公司形象有益，還可以提醒員工，英雄事蹟可以每天上演，也應該每天上演。即使老闆不在店裡，這個故事也能鼓勵員工拿出英勇的表現，拯救客戶、服務客戶。這個故事在往後許多年，還會繼續為老闆創造營收！

幫你抓重點

大多數招攬客戶的企業，並不懂得運用說故事的力量，也小看了說故事的效益。要練就述說你的英雄故事的本事。

速成祕訣20

我看見的，你也看見了嗎？

瑜伽熊說過：「認真看就會看見很多。」現在請你停下腳步，看看你的公司的環境。雷．考克與華特．迪士尼都認為，公司裡不能有任何設備、建築物、車輛或物品，看起來需要清潔、修理或上漆。他們認為如果養成固定清潔保養的習慣，客戶無論何時光臨，都會看見一家光鮮亮麗，經營上軌道的公司。

你該怎麼做

要養成習慣，每三十天固定巡視公司一次，以客戶的眼光觀察公司。

Sparkle Pools這家公司決定要重新裝潢，老闆看見他聘請的顧問，坐在公司對面的樹墩上。他走過去問顧問在做什麼，顧問說，他現在看見的，正是客戶開車進來，會看見的公司樣貌。公司大樓的外牆需要上一層新漆，其中一個招牌褪色太嚴重，幾乎看不清上面的字。大樓的四周長滿了雜草，停車場需要全新的保護塗層。總而言之，大樓已經荒廢許久，需要清掃、擦洗、上漆。想想你的潛在客戶或客戶來訪，卻看見你的公司的牆壁漆得很馬虎，或是扶手會搖晃，他們會作何感想？

幫你抓重點

要依循雷・考克與華特・迪士尼的哲學，別讓你的客戶覺得你的公司需要清潔、上漆、擦洗、整修。別忘了第一印象的力量！

速成祕訣21

零變節

最好的新客戶，就是你的既有客戶。客戶難免會有一定程度的流失，畢竟企業會遷離、易主、破產，或遭遇某些無法控制的情況，但你絕對不能任由客戶流失。改變不了的事情，就只能接受，但只要還能努力，就絕不能輕易讓客戶流失。你應該要追求客戶的「零變節率」。

你該怎麼做

扮演私家偵探，從客戶流失的經驗學習。別只是摸摸鼻子就算了！要拚盡全力挽回客戶。別忘了，你曾經跟他們往來過，所以回頭看看這段關係曾有的亮點。

戰功彪炳的全國銷售經理喬治是銷售老將。他說，他能有這樣的成績，主要是因為他不喜歡失去。他立志絕不失去每一位他重視、想要長期經營的客戶。難得有失去客戶的時候，他就會啟動「挽救行動」，全力挽回。他相信要挽回流失的客戶，他就必須扮演私家偵探的角色，了解客戶離開的根本原因，就能歸納出寶貴的教訓，用以提升他與所有客戶的關係。即使他終究還是失去這位客戶，也並非全無收穫。

幫你抓重點

任由客戶流失，而不去力挽狂瀾，就是走下坡的開始。要學會努力挽救，重建與客戶的關係！

速成祕訣22

別讓潛在客戶不高興

我們做研究得到的一項結論，是潛在客戶與客戶討厭看見新面孔。他們希望能培養情誼與關係，結識可靠的人，很受不了人員的流動或「掀騰」。潛在客戶與客戶也知道，人員的升遷調動在所難免，但他們很難接受熟悉的合作對象辭職或被開除。

你該怎麼做

在開除員工之前，要先思考對客戶會有怎樣的影響。不妨先將該名員工調往他處，等到時機成熟再開除。你的客戶會認為這名員工是正常離職，心裡較能接受。

無論你喜不喜歡，你其實是身在與人打交道的行業，只是正好也提供現在的產品與服務。你如果能組織一群有效率的員工，再適時鼓舞、激勵，整個世界都等著你收割。無論你提供何種產品與服務，這都是成功的保證。

幫你抓重點

要記得客戶討厭的是什麼。過高的人員流動率等同自殺。

速成祕訣 23

推銷不能太逼迫

沒人喜歡被逼迫。大家都喜歡買東西有人幫忙，但真的很討厭被逼著買東西，覺得那是一種壓力。有一場高衝擊推銷的訓練課程，一開始就要求學員，將自己的一隻手，放在坐在旁邊的學員的手上面。接著講師要求學員用手施壓。坐在旁邊的學員的手被壓迫，會有什麼樣的反應？會反彈！

你該怎麼做

當個超級偵探。要一問再問，就會找到開啟客戶的購買周期的關鍵。

有一位業務員看到一句話，徹底改變了他招攬新客戶的方式。這句話是「重點是要讓別人做你希望他們做的事。而他們之所以去做，是因為自己想做。」今天就開始培養新的心態，要找到需求，予以滿足，找到問題，予以解決，或是找到機會，好好把握。你跟你的客戶都會更上層樓！而且完全沒有逼迫。

幫你抓重點

永遠要記住，很多人都討厭被推銷，卻喜歡有人協助購買。

速成祕訣 24

別讓魚溜回水中

最糟糕的事情，莫過於好不容易抓到魚，把魚帶上岸，卻眼睜睜看著魚溜回水中。潛在客戶終於請你提供資料，例如產品型錄或報價，要趕快迎接他們上船，免得他們溜回水裡。不要浪費時間，萬一買方後悔，潛在客戶改變心意，或是競爭對手搶先一步，那可就不好了。客戶一旦說「要」，你的動作就要快。

你該怎麼做

要養成習慣，潛在客戶一旦說「要」，就要將他們列為優先服務對象，直到成交為止。要專心伺候這些潛在客戶，直到成交。

有一位業務員終於等到潛在客戶向他索取資訊，想購買一整批大型壁櫃的電接頭。業務員高興得很，向潛在客戶承諾，下禮拜就會提供產品資訊、價格，也會告知是否有存貨。他下禮拜走進客戶的家，差點心臟病發作。客戶家裡擺著一大堆電接頭，是跟另一位動作比較快的業務員買的。但這位業務員也學到了寶貴的一課。客戶一旦說「要」，就要盯緊，要盡快成交。動作要快才行。

幫你抓重點

遇到機會來敲門，有些人嫌太吵，有些人則是立刻開始行動。你是哪一種人？

速成祕訣 25

照你的意思，還是照我的意思？

K-Mart是美國零售業的昔日霸主，市占率曾超越Target、傑西潘尼，以及其他多家零售商，可惜後來迷失了方向（最後宣告破產，由Sears以極低的價格買下）。K-Mart吸引新客戶的祕訣是什麼？他們建立了對客戶友善的制度。

你該怎麼做

想想你為了服務客戶，該做出哪些調整，而不是思考該如何強迫客戶接受你的制度。

K-Mart總裁赫柏．華洛掌舵十幾年。他說，他吸引新客戶的訣竅，其實簡單到不行：「了解你的客戶要什麼，滿足他們……而且要超出他們的期待。」要建立制度，滿足客戶想要與需要的一切，再做許多額外的小事，吸引更多客戶光臨。你按照客戶的意思行事，客戶就一定會滿意。

幫你抓重點

了解客戶要的是什麼，你的企業與服務，必須能滿足這些需求。

速成祕訣26

要協助，不要推銷

想想你曾接到的電話行銷，尤其是在夜間接到的。你如何應對？是跟他們聊，還是掛斷？大多數人討厭電話行銷，覺得是一種打擾。推銷給人的感覺不好，所以你要學會扮演協助的角色，而不是推銷。你了解客戶的問題，出手解決，客戶會認為你真心想幫忙，而不是一心急著要成交。

你該怎麼做

製作一張卡片，上面寫著：「先幫忙，再推銷。」貼在你的辦公室或辦公桌的顯眼位置，時時提醒自己。

「悶」實在不足以形容採購人員的心情。每個前來拜訪他們的人，心裡都只有一件事：拿下訂單。想要脫穎而出，就要先了解採購人員遇到哪些問題，遭逢哪些煩惱，也要知道他們的競爭對手所欠缺的是什麼。要成為採購人員的幫手，而不是只顧著推銷，而且也要提供解決方案。你的新客戶就會多到令你吃驚！

幫你抓重點

在英文字典中，「幫助」（help）比「販賣」（sell）先出現。你也該先幫助，後推銷！

速成祕訣27

恭維的力量

上一次有人真誠對你獻上實質的讚美，你感覺到對方是發自內心，也覺得很溫暖，是什麼時候？如果你跟大多數人一樣，那你的答案大概會是：「上一次有人恭維我？今年是哪一年？」你可曾遇到過有人埋怨自己得到太多恭維，或是別人對他太體貼嗎？

你該怎麼做

寫下十位客戶的名字，再寫下你能恭維他們每一位的方式。在你的工作環境擺滿笑臉圖案，提醒自己恭維能溫暖人心。

很多人都搞不懂，自己怎麼會喜歡跟哈利一起打高爾夫球。他的球技其實普通。難道是他做了什麼，能吸引別人跟他一起打球？後來是他的一位同事想出了原因。你打出好球，哈利就會稱讚你：「哇，你要高興死了。真是好球。」你要是打出右曲球，重發第一球，或是聽見球撲通一聲掉進水裡，他也會出言安慰：「你知道嗎？我一天到晚都這樣。」他總有辦法將別人的錯誤化小，成功放大。在這個人人逮到機會就要批評的世界，讚美的力量無比強大。你每次與潛在客戶說話，都別忘了附上一句讚美。

幫你抓重點

恭維他人也要小心，務必要真誠。假意諂媚是馬上就會被識破的。

速成祕訣28

要快也可以

客戶總是趕時間。你可曾注意到，郵局就是利用這一點賺錢？只要願意額外付費，郵局就能提供更迅速的服務。如果你要寄大型郵件，三至五日送達，郵資大約是五角美元。如果需要兩日後送達，可以用限時郵件寄交，郵資約為四美元。如果你實在等不及，明日就要送達，只要付出大約十五美元，郵局就能達成使命。這中間的差別在哪裡？在於緊迫感。

你能提供同樣的服務嗎？你願意額外多收取一點費用，以更快速度服務客戶嗎？客戶若有特殊需求，你能不能跳脫正常流程，滿足客戶的需求？越來越多企業會收取額外費用，提供更迅速的服務。例如服務你的乾洗店、印刷廠、快遞業、裁縫店，以及宴席業者，可能都有兩套收費標準，分別是正常件與急件。

你該怎麼做

思考你在哪些方面能收取額外的費用，提供更好、更快的服務。有一位經理在辦公室放一塊招牌，上面寫著「品質、迅速、便宜。任選兩種」。

曼非斯的一家電動馬達製造商，生產線老是被客戶趕件的要求擾亂。後來公司解決了問題，辦法是當日交件要加收總費用的百分之二十五。老闆很快就發現，客戶若是真的急著要，也不會介意多付一些錢，但若沒那麼急，聽見要加價就不會再要求他們趕件。他的競爭對手都不願意提供急件加價服務。他推出兩種計費方式，很快就解決了公司生產線的問題，還多了很多新客戶，不僅委託他做急件，正常件也會找他做。

幫你抓重點

客戶希望有其他選項，即使要多花一點錢也沒關係。他們應該樂見能在他們指定的時間內，得到他們想要的服務。

速成祕訣29

先向自己人推銷

很多企業主與經理實在膽子很大，明明聘請了新員工，該安排的訓練卻少之又少，甚至根本沒有，就直接把員工推出去做事。如果你的員工不相信你、你的公司、你的產品與服務，又怎能說服潛在客戶？你若是真的希望能打動潛在客戶，首先一定要訓練員工。

你該怎麼做

要立下規矩，公司必須向每一位新進員工灌輸公司的價值與信仰。將新進員工與潛在客戶或客戶接觸之前，必須了解並接受的觀念，做成核對清單。設計一套訓練課程，將公司的哲學與傳統介紹給新員工。

位於芝加哥的 Quill Corporation 有個規則，新員工必須通過幾階段的訓練，才能開始使用電話。新員工要認識公司的歷史、文化、規則、政策、程序，以及傳統。他們必須展現出真心相信 Quill 是一家偉大的企業，才能靠近電話。管理階層相當堅持，員工一定要充分了解並相信公司，否則就沒有資格接觸潛在客戶與客戶。

幫你抓重點

潛在客戶要先知道你有多在乎，才會在乎你知道多少。如果你真的在乎，就要讓同事也在乎，要訓練他們相信優質客戶服務的重要性。

速成祕訣30

解決問題

如果你曾經拜訪潛在客戶，卻不小心捅了馬蜂窩，你就知道化解尷尬的情況有多重要。只要些微的訓練，就能化解嚴重的不愉快，還能避開你幾乎不會贏，甚至是從來不會贏的爭執。

你該怎麼做

學會化解客戶的怒氣。記得要說：「我們該怎麼幫您解決問題？」要記住，客戶要是對解決方案不滿意，你就很有可能失去客戶。這不是尊嚴的問題，所以你的回應不要牽涉到你的自尊。

布萊恩被一位工程師的怒火波及，幸好他知道該怎麼處理。他思考工程師在意的問題，又問了一個重要的問題：「我們該怎麼幫您解決問題，讓您滿意？」

他不與客戶起衝突，免得雙方都在為自己辯解，所以他能從源頭解決問題，把客戶從生氣埋怨變成開心滿意。

幫你抓重點

你就算吵贏客戶，也會失去客戶。你是要講理，還是要做生意？

速成祕訣31

人很有意思

在電視發明的初期，亞特．林克萊特主持一檔熱門節目，叫做《人很有意思》。潛在客戶除了有偏見、行為很容易預料、很挑剔之外，也很有意思，尤其是關乎他們生意往來對象的外表。你的外表可能會讓他們感興趣，也有可能讓他們倒胃口，甚至最終毀掉你的機會。

你該怎麼做

了解客戶希望你如何穿著打扮。始終維持與客戶眼光相同的標準。

在你留鬍子、紋身、留長髮之前，先想想你的潛在客戶，對你的外表會有什麼感覺，又會有什麼反應。都還沒有機會跟潛在客戶建立交情，怎麼能先讓他們倒胃口？那還要怎麼招攬生意？你是不是突然發現，這個道理再明顯不過？絕對不要小看外表的力量。要做功課，也要符合客戶的期待。

幫你抓重點

我們都喜歡跟像自己的人做生意，不想與不像自己的人做生意！

速成祕訣32

激勵新員工

每一個獲得新公司錄取的應徵者，都想知道薪水有多高。好的雇主都知道，除了告知薪資水準之外，如果能透露未來調薪的時程，就更能鼓舞新員工。舉例來說，公司可能告訴新進的送貨司機，薪資會在九十天後檢討一次，滿六個月又會檢討一次。

你該怎麼做

務必為你的銷售團隊安排薪資調整的時程，他們才知道往後的情況。業績最好的員工，調薪速度更要加快。

克里斯聘請新員工招攬新客戶，也知道新員工的態度、職業道德，以及可靠程度都會影響公司。茱蒂一開始表現很好，克里斯聽見其他人讚美她的表現，就以很有效的策略鼓勵茱蒂，讓她捨不得離開。茱蒂到職的第三十天，克里斯對她說，同事都對她的表現讚不絕口。接著又強調他對她的期待。他說：「茱蒂，以一個新人來說，妳的表現超出我們的期待。所以我也要超出妳的期待，不必等到九十天以後，今天就幫妳加薪。我們六個月後會再檢討妳的薪資。」克里斯知道，讚美的話語固然好，卻也不能拿來吃！你覺得茱蒂往後會不會為克里斯鞠躬盡瘁？當然會。

幫你抓重點

常言道：「飲水思源。」你願意肯定表現良好的員工，就能鼓勵他們往後更努力工作。

速成祕訣33

尊重他們的時間

我們生活在當今的時代，無論是在職場還是私生活，都要承擔立刻達成使命的巨大壓力。我們都想以更少時間，完成更多事情，也覺得有必要把四十八小時的事情，塞進一天二十四小時。你若能持續讓潛在客戶看見，你與你的公司會急著滿足他們的需求，而且你的公司會迅速服務他們，他們就會刮目相看。

你該怎麼做

思考公司的哪些重要業務需要快速完成，每天都將這份緊迫感，展現給你的潛在客戶與客戶看。

兩名郵局的顧客在郵局排隊，其中一人對另一人說：「我老是覺得莫名其妙，顧客這麼多，他們竟然只開放兩個窗口，而且那兩位櫃員動作還很慢。他們那種舉動，那種肢體語言，又花那麼多時間跟客人聊天，顯然他們不是很在意速度。」郵局當然也有一些很能幹，能理解顧客需求的員工，但還是會被貼上服務不佳的標籤，因為他們常有這個毛病。別讓你的公司步上這家郵局的後塵。處理客戶的需求要迅速。

幫你抓重點

你的潛在客戶在觀察你，最加分的莫過於展現出為他們服務的急迫感。

速成祕訣34

鎖定潛在客戶的興趣

「各有所好」這句老話套用在潛在客戶身上絕對合適。潛在客戶各有各的興趣與嗜好。你要了解這些興趣與嗜好是什麼，例如釣魚、狩獵、高爾夫球、蒐集古董、木工、整修房子，或是打造老爺車。重點是要知道潛在客戶對什麼感興趣，你才能培養同樣的興趣。你摸清楚潛在客戶的興趣，就能開始尋找與這些興趣相關的有趣東西，提供給潛在客戶參考。

你該怎麼做

將客戶的興趣記錄下來，每天尋找相關的東西，任何東西都可以，可以是報紙上的報導、電視特別節目、新產品的使用手冊，或是一則介紹新服務的廣告。

有一位業務員得知客戶最近養了新的小狗，就立刻鎖定這個主題。她前往附近的一家寵物店，看見一份每季發行的免費報紙，裡面有滿滿的構想、故事、廣告，以及文章，全是關於小狗的訓練、營養，以及照顧。她寫了一封短信給潛在客戶，附上這份報紙。下一次去拜訪客戶，兩人就有共同的話題。業務員的貼心深深感動了客戶，客戶很快就成為她最忠實的顧客。

幫你抓重點

你知道客戶的興趣與嗜好，而且擁有同樣的興趣與嗜好，客戶會覺得受寵若驚。要利用你與客戶的共同點，建立交情。

速成祕訣35

買家全都是騙子

一群潛在客戶在科羅拉多州的一家牛排館，與一名業務員見面。客戶全都覺得牛排做得太熟。侍者走上前來，問餐點是否合適，這群剛才還在埋怨的客戶竟說：「沒問題，很好。」侍者離去之後，一位客戶說道：「就算你付錢給我，我也不會再來。」你有幾次明明覺得服務或餐點很差，卻硬是騙侍者說一切沒問題？要記得，客戶的批評有兩種，一種是他們會跟你說出口的，另一種是真正的批評。

你該怎麼做

記得這些問題：「我們該怎麼做，才能有機會與您合作？」還有「我們該怎麼做，您才願意繼續與我們往來？」要讓潛在客戶站在幫你的立場，而不是只會唉嘆埋怨，他們就比較願意跟你說實話，而不是敷衍你。

班恩是一家量販店的忠實客戶。有一天出了些差錯，他便不再與量販店往來，從客戶變回潛在客戶。量販店的新業務員奉公司之命，要拜訪班恩。他知道要從班恩口中得知實情並不容易。他坐在班恩的對面，問了一個簡單的問題：「我們該怎麼做，您才願意繼續與我們往來？」他把班恩放在正面的立場，引導班恩告訴量販店該怎麼做，才能重拾他的信心。他沒有讓班恩批評公司，而是請班恩指點該如何解決問題。

幫你抓重點

優秀的業務員知道，能成功招攬客戶，關鍵不在於你遇到什麼事，而是你如何回應你所遇到的事。

速成祕訣36

吹捧，吹捧，加碼吹捧

美國演員威爾．羅傑斯曾說：「請別人幫忙吹捧，效果會是兩倍大。」你的身邊如果有工作能力極強的同事，他們就會是你說服客戶選擇你們公司的強大理由。你可以運用很多方式凸顯公司的人才，吸引新客戶上門，例如在報紙上登廣告，附上人才的照片與事蹟，或是你在業務拜訪的過程中，在客戶面前讚美公司的人才，說明相關的事蹟。這樣做會有顯著的效果。

你該怎麼做

找出你的頂尖人才，以及他們最突出的三項特質，以平面印刷品、行銷或是口耳相傳，介紹他們的事蹟。

傑克不只是能打造高效能引擎的一流機械師，他還是頂尖的機械師！很多人說他是個超在乎公司商譽的品質狂。他自己的招牌很響亮，店裡源源不絕的生意就是明證。想想你該如何將同事的金字招牌，變成行銷工具。要想想如何吹捧你公司的傑克。人都想與成功人士為伍，你也可以善加利用你們公司的活招牌。

幫你抓重點

一個人的名聲有時與他本人一樣值錢。找出你們公司的明星員工，好好吹捧他們的才華與能力。

速成祕訣37

關注個人需求

客戶也是人！如果你提供產品與服務的同時，能滿足客戶的需求，就會有巨大的收穫。無論你愛不愛聽，現實是你的公司跟你的競爭對手，也許差別也不大，你也要了解這一點。公司上下若能同心協力，滿足潛在客戶的個人需求，潛在客戶就會在人群之中獨獨看上你們。要善用你所擁有的與眾不同的特質。

你該怎麼做

在公司宣導這個簡單的方程式：ENI＝情緒需求優先，教導公司上下要滿足客戶的情緒需求。

一家美容院的老闆始終無法擴大客群。他在這一帶有許多競爭對手，大家的服務內容其實差異不大。他推出一項計畫，確認客戶的個人需求，提供每位客戶最合適的服務。他讓客戶知道美容院的營業時間，以及哪些人員會為他們服務。他也準備各種飲料點心供客戶享用。每一位來店消費的客戶，離去時都會拿到老闆贈送的小禮物。他也總不忘記稱讚客戶有多重要，提醒他們再度光臨。

幫你抓重點

告訴別人你很在意他們、他們很重要是一回事。真正展現你的關心與重視，比口頭表達重要一千倍。

速成祕訣38

我的名字不是老兄

你對於吸引新客戶，與常客建立長期關係有多認真？如果你真心想這麼做，小心不要犯下很多公司為了招攬我這位客戶，所犯下的悲慘錯誤。這些公司的人稱呼我老兄、老大、親愛的、心愛的、寶貝、愛人，亂七八糟一大堆，就是不稱呼我的名字。這對很多人來說也許是小事，但心理學家說，名字對一個人來說是最甜美的聲音。首先要確認你的員工都知道客戶的名字，才能進一步建立交情。了解客戶的名字，稱呼客戶的名字，是你的競爭對手可能會忽略的非常簡單的戰術。

你該怎麼做

讓員工養成稱呼名字，而不是稱呼綽號的習慣。知道別人的名字，稱呼別人的名字，是種良好的習慣。我們要先養成習慣，習慣才會造就我們。

會員制零售商 Sam's Club 推出一檔稱呼客戶名字的活動。公司在每一台收銀機的背面，貼上C–H–A–N–T，提醒所有員工「客戶也是有名字的」（Customers Have A Name, Too）。公司還設立獎勵制度，提醒員工要稱呼別人的名字。老兄，你覺得你能不能改進？

幫你抓重點

很多調查都發現，客戶不喜歡被當成號碼，所以你的公司千萬別犯這種錯誤。

速成祕訣39

小心奧客

在美國，很多客戶都是友善又風趣的好人。但總有一小群人，走到哪裡都喜歡抬槓找麻煩。他們的人生目標好像就是招惹你，貶低你的公司，挑剔你的產品與服務，說你的競爭對手比你強。訣竅在於別被這些人激怒。如果你不想被他們惹惱，就別透露你的地雷在哪裡。

你該怎麼做

參考教你應對難搞的人的書籍。閱讀之後將方法傳授給你的員工。

對付難搞客戶的最佳時機，是你還沒遇見他們的時候。首先要下定決心，不要依據直覺做出反應，而是要做好準備，與這些負能量大師正面對決。要懂得附和他們的批評，說你能理解他們的感受。他們要是知道你的地雷在哪裡，就只會繼續踩個不停。要是摸不清你的地雷在哪裡，就會乾脆放棄，不再招惹你，轉而挑剔別人。

幫你抓重點

別讓少數奧客，影響你對待多數好客戶的態度，畢竟好客戶多半很好相處。

速成祕訣40

要把特色當賣點

在我們生活的世界，每一家企業都在喊叫：「我們不一樣。我們比較好。選我們選我們。」其實通常不外乎是新瓶裝舊酒。你必須決心拿出潛在客戶能看見的行動，經營真正與眾不同的特色，再把你所做的做成口號。潛在客戶、客戶，以及你的員工每天看見這個口號，就會想起你的公司的特色。這就是專業行銷人士所謂的「價值宣言」，可以當成公司的口號。

你該怎麼做

擬定你的價值宣言，你的員工就能將你想灌輸的觀念予以內化。把價值宣言做成口號，盡量廣為散布，例如印在信紙信頭、筆、海報上。每天看就能提醒自己，要善用公司的特長！

一家叫做「一號印象」的公司，想凸顯自身的特色，於是發明了很聰明的口號：「一號印象的路，唯一可行之路。」潛在客戶與客戶一聽見這個口號，就明白他們的價值與理念。公司也向員工介紹新口號，確認每一位員工都熟悉口號所代表的哲學。

幫你抓重點

要先命名才能做成口號，所以要找出你的獨特之處，做成口號。有註冊版權就更好了！

速成祕訣41

做不一樣的事情

潛在客戶很喜歡受到潛在廠商設宴款待與招攬，因為代表有人喜愛，有人重視自己。受人喜愛的感覺，是人生當中最大的鼓勵，但在客戶服務的許多領域，僅僅是受人喜愛，對客戶來說已經不夠。你要有不一樣、有創意，更大膽的作為，帶給客戶尊榮感。要找出獨特、有趣、神祕的東西，說服潛在客戶與你往來。

你該怎麼做

發揮你的創意，發明好玩、有趣、獨特的構想，設計適合潛在客戶與客戶參與的活動。組織一個團隊，一同發揮創意，打造特別的活動。

得獎的銷售經理維琪邀請前十大潛在客戶，參加特別安排的簡報。每一位客戶都連續收到她寄來的三封邀請函，邀請他們前往當地水庫的碼頭，搭乘她的船悠閒出遊。船上安排了開胃小菜、飲料，還有一點樂子。創意四射的邀請函寫道，脖子以下的領帶都會被割斷，不穿短褲的賓客會被扔進水裡。到了約定的時間，維琪發現十位潛在客戶竟然全都現身在碼頭，走入她的船，用了一個下午閒聊，也認識她的產品。不到幾個禮拜，十位當中就有八位成為她的客戶。

幫你抓重點

企業招攬客戶的活動，大多數都味同嚼蠟。你必須在眾聲喧譁中脫穎而出，贏得潛在客戶的青睞。

速成祕訣42

要有創意

你的競爭對手的招數很容易預測，大概就是一直延續以前的做法。很少人的創意能強大到足以用極低的成本甚至是零成本，在亂軍中突起，吸引潛在客戶的目光。要記住，誰都不會注意正常的事情，所以有時候你必須打破規則，才能接觸到潛在客戶，與其建立關係。

你該怎麼做

召集你的團隊，一同思考該怎麼突破。不妨利用假期與特殊活動。要有創意，主動接觸潛在客戶。別只是坐等潛在客戶來找你。

如果你經營中小企業，能與客戶面對面接觸，不妨試試一種能主動接觸潛在客戶的好辦法。選一個炎熱的午後，在冷藏箱裡裝滿冰棒、冰淇淋，或是冰檸檬汽水，逐一拜訪客戶，送上消暑點心。我覺得以前應該沒人試過這一招，往後也只有你會再用這一招。招待免費的消暑點心，是向客戶展現合作誠意的好機會。

幫你抓重點

大多數的人都想要不一樣的東西。他們不知道自己要什麼，但看見了就會知道。一定要讓他們看見你！

速成祕訣 43

別急著推銷

我們說過很多次，心臟不夠強的人，不適合做突襲電訪，也不適合開發新客戶。突襲電訪要能成功，臉皮要厚，個性要堅強，還要有很少人具備的堅持精神。難怪推銷的失敗率會如此之高。成功的關鍵在於，不要像一個要把商品硬塞進潛在客戶嘴裡的業務員。

你該怎麼做

要學會一開始別急著推銷，先問問題。想了解潛在客戶的需求、問題，以及機會，提問是唯一的辦法。了解之後，下一次你就可以帶著塞滿推銷資訊的兩個公事包，向潛在客戶做簡報。

珊蒂是個迷人、熱心又誠懇的業務員，踏上第一周的拜訪行程。到了星期五，她向銷售經理回報，這個禮拜的業績是零。經理一頭霧水，怎麼會半點業績都沒有？就算把訂購單綁在狗的尾巴上，偶爾也會有人把單子拿下來填寫。經理下星期與珊蒂一同拜訪客戶，才知道問題出在哪裡。珊蒂拿著裝滿文件的兩個公事包，走向素未謀面的潛在客戶，簡直像在大喊：「業務員來嘍！業務員來嘍！」潛在客戶就像兔子，閃躲她這個拿著獵槍的獵人。她必須學會在前幾次見面先不要急著推銷，要先了解潛在客戶，以後才能開始推銷。

幫你抓重點

大多數的人都希望，你的產品與服務能具有與眾不同的特色。聽聽客戶怎麼說，了解客戶想要的特色是什麼。

速成祕訣44

信不信由你

信不信由你，潛在客戶與客戶會扭曲事實，尤其是跟你談及你們往來過程中所發生的事件、差錯，及問題。在你暴跳如雷，指責愚蠢的員工沒有好好對待客戶之前，千萬要先聽聽員工怎麼說。

你該怎麼做

要像法官一樣思考，先聽過各方說法，再做決定。你常常會發現，原來客戶是錯的。

怒氣沖沖的哈利到倉庫找黛比，因為黛比那天早上填錯了客戶的訂單。公司花了很多時間，一再爭取跟這位客戶合作，現在好不容易成交了，黛比卻全搞砸了。

但是哈利在發作之前，先聽了黛比的說法。她確定她確實按照客戶的意思填寫訂單，她還留著客戶的字條為證。果然黛比說得對，客戶是為了維護自己的尊嚴，才把過錯推到她頭上。哈利從此知道要先聽取各方說法，再下判斷。他讚美黛比，也叫辦公室關閉這位潛在客戶的信用額度。他不想要這一位為了掩飾自己的過錯，不惜說謊的新客戶。那天黛比得意洋洋，因為老闆信任她！

幫你抓重點

你的員工如果是對的，就要支持他們，就算得罪潛在客戶與客戶也在所不惜。你的員工也會因此敬重你。畢竟公理就是公理！

速成祕訣45

試試不一樣的

如果能讓潛在客戶回應，電子郵件會是很好用的溝通工具。但你可能需要發揮創意與幽默，才能讓他們回覆你的電子郵件。別人不回信，往往是因為太忙，工作負擔太重，或是純粹不知道該跟你說什麼。試試以不同的方式，吸引他們注意，讓他們願意回覆你的電子郵件。幽默是促使對方回應的好辦法。

你該怎麼做

寄電子郵件給比較不想回應的潛在客戶，要發揮創意與幽默感。但要記得，只能鎖定對你的幽默有正面回應的潛在客戶。

有一位業務員想換一種不同類型的電子郵件，寄給始終無回應的潛在客戶。他最後選定下列的格式：

親愛的瓊斯先生

我幾次前往拜訪您，也以電話聯繫過您，是有個很精采的提案要向您報告。但您始終沒有回應，我想應該是發生了下列三種情況的其中之一。

一、您被澳洲野犬抓去澳洲內地，當作人質。

二、您中了彩券，現在富可敵國，再也不必理我。

三、野女人發現您是單身漢，您不得不人間蒸發，躲開那群覬覦您的肉體的禽獸。

哪天您有機會，或是上述三種狀況解除，還請撥冗回信。我們約個時間見面，談談如何幫您賺更多錢。

謝謝！

幫你抓重點

你做的事情跟別人一樣，得到的結果也會跟別人一樣，而且通常是很悲慘的結果。所以要試試不一樣的辦法。

速成祕訣46

客製化、客製化、客製化

根據一家餐廳的意見調查，百分之七十四的受訪者表示，外出用餐最喜歡的是沙拉吧。為什麼？因為可以自由搭配，這個一點，那個很多，再加一些其他的東西。可以創造自己喜歡的沙拉，全都是自己想要的原料、醬料，還有炸麵包丁。在現在的世界，大家都想要真正客製化的產品，與自己的喜好一樣獨特。

你該怎麼做

想想該如何依照潛在客戶的需求，將產品與服務客製化。大家不想要所有人同一套的東西。

新員工蘇伊去找老闆。她問老闆：「你知道這裡的標準是什麼嗎？」老闆說：「不知道。」她說：「沒有標準。每個客戶要的都不一樣，都要按照他們的意思。」老闆看著她，說道：「妳說得對。我們幹嘛不這樣？」你買一套很好看的衣服，想想看服飾店做的第一件事情是什麼？依照你的尺寸修改。把袖子改短，移動釦子的位置，外套改小一些，再把長褲或裙子摺邊。突然間你就拿到了想要的產品，細節都符合你的心意。

幫你抓重點

你越能提供客戶想要與需要的產品與服務，越能將潛在客戶變成長期客戶。

速成祕訣47

小事情大收穫

潛在客戶常常會針對小事情發表意見，你若能仔細聽，加以改進，具體回應他們的意見，小事情就能帶來大收穫。你願意聽客戶說話，表現出你也認為應該改進的態度，客戶就能深深感受到你有多在乎。

你該怎麼做

要立下規矩，你的公司的每一位員工，對於管理階層可能會重視的客戶意見，都要留下書面紀錄。

本地的一家圖書館，最近完成耗資幾百萬美元的整修與增建，整個環境設計精巧，美輪美奐，甚至為有特殊需求的來賓，貼心設置按下就能自動開門的按鈕。但是有位先生坐著輪椅來到圖書館門口，才發現圖書館的門太窄，他的電動輪椅只能勉強通過。圖書館的人必須在門的下半部安裝一個自動開啟器，門的兩半才能打開到足以讓坐輪椅的來賓通行。

這位先生前往圖書館櫃臺，向館員反映這個問題。但館員小姐展現的同理心，跟教育班長差不多。她的肢體語言、面部表情，以及她的回應，在在顯示她壓根不在乎。你在不在乎潛在客戶所反映的、卻可能是影響深遠的小事？只要仔細聽他們說，即使只是微幅改進與調整，都能展現你顧及客戶需求的誠意。

幫你抓重點

展現同理心，最能讓客戶相信你真心想滿足他們的需求。

速成祕訣48

要與眾不同

知名講者喬爾．威爾登曾說過一句名言：「要知道別人都在做什麼，而且不要跟著做。」在當今的市場，想在混戰中脫穎而出，就必須想出更好的辦法、不一樣的辦法，成本更低的辦法，繼續述說你的故事。要做到這一點，就要觀察市場上的變化。

你該怎麼做

研究你的競爭對手與整個市場，設計出有別於你的競爭對手的創新做法。想與眾不同，不妨重新開始郵寄紙本信件給客戶。

網路與電子郵件相當普及，人與人之間溝通的方式也出現巨變。有些舊東西仍然派得上用場，例如你的傳真機、信件、明信片，還有好用的傳統電話。這些在現在之所以仍能引起注意，恰巧是因為很少人還在使用。想想你該如何將傳真、明信片、信件，尤其是電話予以現代化，與客戶及潛在客戶保持聯絡。這是更好且不同的方式，有助你在亂局中脫穎而出。機會俯拾即是。

幫你抓重點

你一直延續以往的做法，只會一直得到跟以往一樣的結果。要有所改變，才能贏得客戶的青睞。

速成祕訣 49

做別人沒做的事

有些訊息適合以電子郵件或傳真傳送，有些訊息則萬萬不可如此傳送。有時明明就該寄一封感謝信、邀請函，或機密信件，我們卻偏偏逃避。只寄一封電子郵件，也等於告訴對方，你覺得內容沒那麼重要，沒那麼機密，不需要使用較為傳統的溝通工具。

你該怎麼做

手邊要有傳統溝通工具，例如卡片、郵票、地址等等。你就更能做到別人沒做到的事情。你必須將這幾種類型的郵件系統化，否則無法完成。

在美國的大多數地區，都有商店專賣紙製品與平價賀卡。有些價格低廉到不行。所以多儲備一些感謝卡、邀請函、生日卡，以及沒有文字的短柬。要養成認得別人，邀請別人參加特別活動，感謝別人的協助，以及慶祝生日、周年紀念日的習慣。使用傳統郵件，你就會與眾不同，因為現在大多數人會直接寄電子郵件。潛在客戶收到你的信件，能體會你額外的用心，也會報答你。記住，你是在建立交情，對於跟你有交情的人，當然要有貼心的舉動！

幫你抓重點

要養成習慣，使用其他人已不再使用的傳統溝通工具，你就能嶄露頭角。

速成祕訣50

向變色龍學習

我們想跟最像我們的人做生意，所以你的外表與行為會是你的助力，但也有可能是阻力。變色龍能變換身體的顏色，搭配地面或背景的顏色，你要向變色龍學習。變色龍能依照所處的環境，將身體從綠色變成黑色，再變成藍色。你要怎麼改變，才能更像你的客戶？

你該怎麼做

研究你的客戶，再成為一隻變色龍。你的客戶在非正式的午餐，還有正式的晚宴，會有什麼樣的穿著？他們在簡報、會議、慶祝活動，又會有怎樣的穿著？

尼度是一位相當成功的銀行家、企業家，也是職業講者。他的衣櫃有適合各種場合的衣服。無論是與企業執行長會面，或是與一群技術人員交誼，他都有合宜的衣著，每次都會非常貼近見面對象的衣著。他怎麼做到的？他研究別人的做法。他們穿什麼？穿怎樣的鞋子？他甚至還會打電話給客戶，詢問該怎麼穿較為合適。

最好笑的場景，莫過於一群穿著牛仔褲的人當中，有一人穿西裝打領帶，或是別人都穿西裝打領帶，偏有一人穿牛仔褲現身。要向尼度學習，穿著打扮要貼近你的客戶，他們才會想跟你合作。

幫你抓重點

你的穿著打扮能幫你加分，也能害你扣分。變色龍教導我們，要融入才能成功！

速成祕訣 51

用心經營第一印象

我們都知道，你只有一次機會給人美好的第一印象，絕不會有第二次機會。但這項規則還有另一面：如果你一開始對別人判斷錯誤，就再也不會有第二次判斷的機會。你若僅憑客戶的外表或肢體語言，就認定他們是否有能力購買，或是願不願意成為長期客戶，那很有可能會嚴重看走眼。光看外表無法看出內在，也看不出一個人的淨值、花錢的能力，或是借錢的能力。最好的辦法是先假設每個人都是有能力購買的潛在客戶，問些問題認識每一位客戶，再予以分類。

你該怎麼做

僅憑外表判斷，未免過於武斷。應以精準的問題，判斷潛在客戶的資格，而不是僅憑外表判斷。

一家小型高性能汽車保養廠的老闆，這一天不太順利，因為一位年輕的顧客走進店裡，拿著一頁長的高價商品清單，一直詢問價錢多少，有無現貨。老闆努力保持微笑，逐一報價，卻暗自想道：「真浪費時間。這傢伙哪裡買得起這些。」年輕人問完價值好幾千美元的商品，看著老闆，說道：「好，我買了。」老闆問：「你要買什麼？」顧客說：「你剛才報價的每一樣。」他說完就掏出一卷百元美鈔付款。老闆那天學到寶貴的一課：千萬不要憑外表判斷一個人，也不要僅憑外表，就認定潛在客戶買不起，或是不會買。

幫你抓重點

你不可能猜得到，跟你說話的這個人是乞丐還是富豪。最好的辦法是讓對方展現自身的資格，而不是你自己去承擔判斷錯誤的風險。

速成祕訣 52

當個超級偵探

對於你要鎖定的潛在客戶，要盡可能多了解。知道得越多，就越有可能贏得新客戶。在資訊充斥的現代社會，你家附近的圖書館，還有你的網路，都是可以運用的資源。一無所知是不可原諒的錯誤。

你該怎麼做

把自己當成辦案的偵探。你必須說服潛在客戶與你往來，所以一定要先做功課！

有位顧問受邀與旗星銀行會面，討論銀行的宣傳工作。他下載銀行網站的每一個頁面，盡可能了解這家銀行，從成立宗旨到客戶服務哲學，從成長計畫到近年的財務績效。等到他與銀行管理階層會面的那一天，他已經做好準備，可以開始討論銀行的過往成績與未來方向。

幫你抓重點

知識就是力量。你要是對潛在客戶了解得不夠多，唯一的原因就是你不夠努力。

速成祕訣53

士氣高昂的員工＝忠實顧客

我鼓勵大家買一本我寫的書No Nonsense: Inspire Your Staff。不是因為我們要推銷，而是因為這本書能幫你培養一群士氣高昂的員工，有意願，也有能力為公司奮鬥。還有比這更重要的事嗎？鼓勵員工的真正祕訣，是給員工參與的機會，打造一個他們必須維護的名聲。要讓員工知道，你對他們有很高的期待，再看著他們達成目標，證明你是對的。

你該怎麼做

分析你的每一位員工，判斷他們各有哪些獨特天賦，專長又是什麼。

一家中型企業的老闆傑瑞，聘請梅伊做會計長。不久之後他就開始稱呼梅伊「人肉電腦」。梅伊確實是管理辦公室的人才，傑瑞對她非常滿意，到處對人讚美她的表現。傑瑞常常帶著潛在客戶參觀公司，也總不忘帶他們到梅伊的辦公室，特別介紹梅伊。梅伊成了帶動公司成長的夥伴，也深深以自己的工作為榮。鼓勵你的員工努力維護好名聲，然後不要干預，放手讓他們去做。這是成功的方程式，你照做就一定能成功。

幫你抓重點

一個人對自己的期許，就是他將來的模樣。你把員工高高捧起，奉為人才，他們也會拿出相應的表現。

速成祕訣 54

要懂得保護自己

很多業務員都知道失敗的痛苦，而且有時候之所以會失敗，是因為沒有得到許可就擅自行動，結果輕則稍受責備，重則遭到開除。要遵守這個簡單的規則：不確定，就確認。有些事情要徵得同意才能做，否則會引火上身！

你該怎麼做

要養成習慣，倘若直覺有疑慮，就要花時間確認，甚至不惜請客戶簽字授權，才能保護自己。

一家廣告公司，有一次在美國西岸推出沃爾瑪的廣告，事先並沒有與沃爾瑪的管理階層確認。廣告完全不符合沃爾瑪尋常的風格。這下子無論是客戶還是潛在客戶，都深感錯愕。最後沃爾瑪終止合作，廣告公司痛失一位大客戶。如果他們在推出廣告之前，先徵得沃爾瑪管理階層同意，哪怕是跟當地的沃爾瑪分店的管理階層確認，現在大概還擁有這個客戶。這家廣告公司現在只能傾力招攬新客戶，但也學到了寶貴的一課，做出重大決策之前，要先請示相關單位。

幫你抓重點

有時候請求寬恕比徵求同意容易。但為了慎重起見，還是要遵守簡單的規則：不確定，就確認。

速成祕訣 55

史上最好的潛在客戶

招攬新客戶可不容易。不僅成本高昂，還要花上不少時間。最好的潛在客戶向來是、仍然是、也永遠都會是，會主動聯繫你的潛在客戶。倘若潛在客戶聯繫你，你優先服務的對象，是知道自己想要或需要什麼，準備要購買，以及尚未聯繫別家廠商，就先聯繫你，等於對你投下信任票的潛在客戶。

你該怎麼做

用盡一切合法與道德的手段，促使潛在客戶打電話給你。要使出渾身解數，拜訪、鼓動、催促、招攬、獎勵、激勵、刺激、提醒、鼓勵，要無所不用其極。

美國佛羅里達州的市場反應與行銷顧問芮妮，認為下列三項招攬客戶的重要原則必須牢記：

一、你的潛在客戶名單的質與量，會決定你能否成功。

二、你至少每三十天要聯繫潛在客戶一次，他們才會第一個聯想到你。

三、想要潛在客戶打電話給你，就必須向他們多次提案。

幫你抓重點

客戶打電話給你，會認為自己是受歡迎的賓客。你向他們推銷，他們就巴不得甩開你。

速成祕訣56

發揮魔鬼沾的黏性

我們都有共同的欲望，例如希望能有人喜愛、需要、接受。你與客戶建立情誼，了解他們的內心，就很有機會與他們相處融洽。我們很容易忽略，但潛在客戶其實也有辦公室外的人生。你一旦與他們建立情誼，就要像魔鬼沾一樣黏著，千萬別放手！

你該怎麼做

寫一張字條，提醒你自己還有所有員工，人是跟人買東西。還要學會探索潛在客戶的「內心世界」，了解他們的內心。

史提夫參加家族聚會，與久違的親戚聊天，驚覺時光流逝如此之快。他與親戚同樣關心家族的事情，所以即使數年不見，也能重拾昔日情誼。你的潛在客戶已經準備好，有意願，也等著要與你共築情誼，只要你願意花時間探索他們的「內心世界」，了解他們在哪裡出生、念哪間學校，還有他們的嗜好、家庭、寵物，以及最大的成就。對於每一位潛在客戶，都要想出至少一個每次聯繫都能一路聊下去的話題。找出他們與你的共通點，他們就會是你的客戶，也會是你的朋友。

幫你抓重點

你主動了解別人，在兩星期能交到的朋友，會比指望別人了解你，在兩年能交到的朋友還多。

速成祕訣57

無所不用其極

懂得招攬客戶的人，能善用平價的資源接觸客戶，達到事半功倍的效果。要用盡各種方式吸引新客戶，維繫老客戶。你的潛在客戶，尤其是你的前十大潛在客戶，若是能第一個聯想到你，你就等於向成功邁出一大步。所以要用盡各種方式，將招攬的效益最大化，贏得新客戶。

你該怎麼做

到附近的郵局，拿一疊限時郵件專用的信封、紙箱，以及標籤。你可以上網查詢郵資，所以一切都能在辦公室處理。再以各種方式，定期與潛在客戶聯繫。

要跟客戶聯繫，有個簡單的方法，就是請親切的郵差幫忙。可以利用平價、方便，且划算的限時郵件服務，將特別訊息寄給潛在客戶。限時郵件能引起注意，也能凸顯出信件的內容非常重要。潛在客戶會特別注意限時郵件，因為跟一大堆的平信不同，平信大概不外乎帳單與廣告。潛在客戶偶爾收到你寄來的限時包裹，對你會有深刻印象，也會知道你是真心想爭取合作機會。限時郵件是划算的投資，因為確實有效。

幫你抓重點

你只要善用限時郵件，以及全國成千上萬認真工作的郵差，就能大大加深潛在客戶對你的印象。

速成祕訣 58

多看產業期刊

如果你跟大多數要招攬新客戶的人一樣，那你面對的可能是各行各業的人士。例如你的潛在客戶可能包括肉販、麵包師傅、做蠟燭的師傅，還有其他許多行業的從業人員。想深入了解潛在客戶感興趣的主題，最好的方法是參考他們的產業期刊。每一個產業與行業，都有專門的期刊雜誌，內含各種祕辛、祕訣、趨勢，以及其他資訊。你吸收這些資訊，就不必擔心與潛在客戶無話可聊。

你該怎麼做

拜訪你想深入了解的企業。這些企業多半都會有產業期刊，也會很樂意分享他們的回郵卡。

朗尼的公司只要有新員工報到，他做的第一件事情，是拿出與公司行業相關的各種產業期刊的回郵卡，送給新員工，請他們訂閱這些產業期刊。大多數的產業期刊完全免費，營運資金來自產業廣告的收入。朗尼鼓勵員工每個月抽空閱讀這些雜誌，掌握各產業的最新發展。他的辦公室目前訂閱大約十二種產業期刊，全都是公司經營的利器。要討好潛在客戶，最好的辦法莫過於讓他們知道，你花了時間認識他們的行業、興趣，以及面臨的挑戰。

幫你抓重點

想知道各行各業的詳情，最好的方式是參考免費的專業期刊。

速成祕訣 59

你夠格嗎？

在運動賽場上，以及爭搶客戶的商業戰場上，有一條不變的鐵律：只會防守就不可能贏。不妨將銷售的過程顛倒過來，先評估客戶是否有資格與你往來。你主動篩選合格的客戶，就等於實踐強大的激勵原則，點燃潛在客戶與你合作的渴望。

你該怎麼做

要讓客戶想要你的服務。要實踐這原則，必須不斷累積你的產品與服務的優勢。

一位財務規畫師長期為客戶創造高額的投資報酬。別人推薦給他的新客戶人數，是大多數的業務員可望而不可即的。他還能告訴潛在客戶，他提供的服務不見得適合每個人，要見面討論才知道能否合作，簡直羨煞眾人。他還會面試潛在客戶，再決定是否合作。等到面試結束，大多數的潛在客戶都拜託他幫忙打理投資。你能不能翻轉銷售過程，評估客戶有無資格與你合作？

幫你抓重點

一項產品越是獨家專賣，就越多人想要。要讓你的潛在客戶想成為你的客戶，建立獨有的客群。

速成祕訣60

每天開始營業之前

如果你的企業是以特定的營業時間吸引顧客上門，例如我最喜歡的咖啡店是在早上六點開門，那你要留意，店面帶給客戶最負面的印象，莫過於客戶進了門，卻看見店裡的員工手忙腳亂。咖啡沒準備好，就不會有營收。再加上幾位員工遲到，這一天的開始可就不妙了。

你該怎麼做

每天開門營業之前，一切都要準備就緒。這還只是符合客戶的期待而已，還要以產品及服務取悅客戶。

不妨多花些成本，請一位或一位以上的員工提早上班，將一切準備就緒。等你開門營業，就能服務客戶。客戶一走進你的店，你就應該要拿出令人愉快的服務品質，滿足他們的需求，提供他們想要的產品。這才是專業的企業經營，額外付出的一點點薪資成本，也絕對不會虛擲。

幫你抓重點

做好準備，你的員工就有信心對著客戶展露微笑。客戶也知道你已經做好服務的準備。

速成祕訣61

要宣傳才能推銷

我承認我瘋狂迷上低成本甚至零成本招攬客戶。要做到這一點，有一項重要的策略，是將公司的名稱與聯絡方式，印在你印製、販售、製造、取用，或贈送的所有東西上面，任何有可能引導潛在客戶聯繫你的東西都行。最好的辦法是將你的公司的網址，印在筆、筆記本、日曆、捲尺等用品上面。無論是有心還是無意，你將這些東西交給潛在客戶，他們遲早會注意到你的聯絡方式，會打電話或上網找你。

你該怎麼做

教導你的員工，從公司拿出去的東西，一定要有公司的聯絡方式，包括網址、電子郵件信箱地址，或電話號碼。要讓潛在客戶有辦法聯絡你！

有一位潛在客戶不記得我們公司的名稱與電話號碼，又把我們的名片弄丟了。幸好他找到一支幾年前我留在他們那裡的筆，上面印著我們的網址。他瀏覽我們的網站，用網站上的聯絡資訊與我們聯繫。從此他成為我們的大客戶，往後可能會大加光顧。我們如果沒有提升能見度，廣為宣傳公司的聯絡方式，也不會得到這位客戶。要記得，要宣傳才能推銷，才能接觸到潛在客戶，也才會有新客戶。

幫你抓重點

你不宣傳自己，就會發生一件很好笑的事情：什麼也不會發生！

速成祕訣62

聯絡資料也要更新

要聯繫潛在客戶，有一種便宜又有效的辦法，是運用電子郵件。電子郵件是很方便的溝通管道，客戶能主動聯繫你，你也能寫出深思熟慮的回信。你可以按照自己的意願與時程，發送電子郵件，不必因為時間壓力而倉促思考。你有充足的時間蒐集報價資料、效率數據，或其他潛在客戶可能感興趣的資料。但你的電子郵件地址及網路連結要是沒更新，跟潛在客戶的交流就會是一場空。天底下最悶的事情，莫過於點選一個連結，卻什麼也看不見。

你該怎麼做

你的電子郵件聯絡資訊要記得更新。如果要停用某個電子郵件帳號，先別急著關閉，要有一段時間每日查看。要提供通往你的新電子郵件地址的連結，直到你確定沒有人會再寄信到舊帳號。你也可以保留網域名稱，安排ISP

將你的信件轉發到你的新網站或新信箱。

問題是，網路上超過百分之二十的聯絡連結已經損壞。你點選這些連結，不是無法連線，就是跳回原本的網頁。有些企業經常變更電子郵件地址，殊不知潛在客戶無法與他們聯絡，就只能在困惑中轉身離去。你棄用別人已經熟悉的電子郵件帳號，等於把潛在客戶擋在門外，說不定就此錯過世紀大單！千萬別犯這種錯誤。

幫你抓重點

眼不見，心就不念。一定要讓潛在客戶隨時能找到你。

速成祕訣63

留下痕跡

想必你聽過古老的格言，說沿路在地上撒麵包屑，就能找到回家的路。你應該用這一招對待潛在客戶。要留下一道痕跡，讓他們記得你的公司，也記得你想與他們合作。「痕跡」可以是任何印有你的公司名稱與商標的東西，包括筆、棒球帽、記事本、高爾夫球等等。長遠的目標，是要留下能讓潛在客戶想起你，對你有印象的痕跡。你為他們撒下麵包屑，他們總有一天會循著麵包屑走向你。

你該怎麼做

委託廠商為你製作印有商標與公司名稱的物品。買下各種物品，在你的潛在客戶工作地點所在的大街小巷上發送。

一位忙碌的協會會長，與保險業務員多次見面。他沒注意到這位保險業務員每次來訪，都會留下小禮物。有一天，會長看著自己的辦公桌，發現有一個便條紙夾、皮革封面的通訊錄、一份大型桌曆、一個筆架、幾支筆、幾把尺，還有其他的東西，全都印著保險公司的名稱、商標、電話號碼。他現在的保險計畫遲遲沒下文，得另找一家保險公司，他馬上就知道該打給誰。畢竟滿桌都是他們家的名稱與電話號碼。保險公司花錢製作送給潛在客戶的宣傳小物，看來效益不差。

幫你抓重點

在溝通過剩的現代世界，幾乎不可能將你的廣告訊息傳達給客戶。這個方法執行起來既簡單，又有效。

速成祕訣64

向聯邦調查局學習

美國各地都很熟悉聯邦調查局的十大通緝要犯名單。這份名單每周更新，已經落網的就會從名單上移除，新增其他通緝要犯。你也可以製作你的十大最佳潛在客戶名單，把時間、精力，以及資源集中用在這十位身上。

你該怎麼做

製作十大名單，每周固定更新。記得要分配工作，你的員工才知道誰要負責名單上的哪一位潛在客戶。

業績頗優的銷售經理泰瑞認為，他手下的業務員如果只是隨便對著一位老潛在客戶推銷，業績大概會很慘澹，什麼也賣不出去。他發現他必須指導他們，把火力集中在最有機會成交的對象。每星期一早上，他要求同事製作新的十大名單，當成這一周的努力重點。他也要求他們在十大名單上的每一位潛在客戶旁邊，寫下這個禮拜要採取哪些行動，將這位潛在客戶變成客戶。他教導業務員將火力集中在重點客戶身上，也留存每一位業務員的前十大潛在客戶行動計畫，業務員就能專心追逐最有可能成交的潛在客戶。

幫你抓重點

孔夫子曰：「逐二兔，不得一兔。」要專心追逐首要目標。

速成祕訣65

第一個聯想到你

別人對你有什麼樣的評價？二十歲的你很在意眾人的眼光。四十歲的你不在意他人的評價。等到六十歲，你會發現別人根本沒想到你。對於所有的潛在客戶，你必須讓他們第一個聯想到你。

你該怎麼做

把握每一次機會，讓你的潛在客戶與客戶第一個聯想到你。至少每個月要推出一項策略。即使在度假，也別忘了他們。

一家店的招牌寫道：「只要知道別人其實很少想起我們，就不會在意別人對我們的看法。」要讓客戶第一個聯想到你並不容易，但還是做得到。例如你下次出門度假，記得帶著幾張公司商標或頭號潛在客戶的地址。你在沙灘上曬太陽，或是坐在游泳池旁邊，就寄給潛在客戶一張「真希望此刻有你」明信片。但凡觀光勝地均有販售這種明信片，價格便宜，能展現你的幽默感，還能讓潛在客戶第一個聯想到你。

幫你抓重點

發揮創意，與眾不同，你的潛在客戶與客戶才能第一個聯想到你。

速成祕訣66

布丁可口的指標

要驗證布丁是否可口，關鍵並不在於布丁的味道，而是會不會有很多人再拿第二份。很多人都願意嘗一口你最愛的一道菜，但他們要是不喜歡，你就很難讓他們再嘗一口。招攬客戶也一樣。想擁有新客戶，你只要願意花錢做廣告宣傳，降低成本送贈品，就能吸引新客戶上門。這幾項你全都做到，就能得到新客戶。但問題在於，你能否讓新客戶再度上門。

你該怎麼做

公司要有一個系統，追蹤回頭客的生意，以及客戶往來的時間長度。你就能發現客戶再度光臨與離開的原因。

我造訪我家附近的教堂，發現一個有趣的現象。這間美麗的教堂已存在多年，但參加星期日早上的禮拜的教區居民似乎不多，只坐滿幾排靠背長椅。顯然有地方不對勁。禮拜結束後，牧師請我們在訪客日誌上簽名。那本日誌裡面滿滿的都是訪客簽到，離去，再也沒來過的紀錄。這間教堂的問題並不是無法吸引潛在客戶，而是無法將潛在客戶轉為現有客戶。要持續關注，不只是關注第一次銷售，還有第二次，以及未來的每一次。如果沒有回頭客上門，你就不可能吸引新客戶，因為回頭客才是布丁好吃的證明。

幫你抓重點

你的目標是要擁有一輩子的客戶，所以要建立能達成這個目標的系統。

速成祕訣67

那明天呢？

想要客戶往後再度光臨你的公司，最好的辦法是確認你的同事都明白，提供客戶滿意的服務有多重要。這是唯一能保證客戶會再上門的辦法。

你該怎麼做

邀集你的團隊一同思考，該怎麼做才能讓客戶再度光顧。要強調下一次的銷售就跟現在這一次一樣重要，你的團隊就一定會重視每一位客戶。

一家潤滑油與機油公司的老闆，發現一個妙招，能讓員工明白客戶服務有多重要。他請員工在服務客戶的時候，問自己一個簡單的問題：「我今天做的事情，會不會讓這位客戶明天再回來？」他們今天做成了生意。重點是要讓客戶以後再光顧。這位聰明的老闆知道，修車只是他們的工作的一部分。

幫你抓重點

永遠要記得，解決一個問題，一定要做到能讓客戶滿意的程度。

速成祕訣68

你的電梯演說

有一句古老的俗話說，你不會有第二次機會營造美好的第一印象。有人問你你是誰，做什麼行業，你會如何回答？你要有能力發表「電梯演說」，在六十秒或更短的時間之內，告訴別人你是誰，販賣的商品或服務是什麼，別人又為何要跟你做生意。你可能只有一次機會，營造良好的第一印象。

你該怎麼做

擬好電梯演說的講稿，要求公司每一個人都能逐字背誦，口徑一致。

有一位企業主希望能修訂當地的土地使用分區法。他搭電梯前往會議室，在電梯裡遇見一位當地立法機關的委員。委員按下十二樓的按鈕，電梯門關上之後，他轉身對企業主說：「你要我怎麼幫你，你又能怎麼幫我？在六十秒之內說完。」沒想到這位企業主竟是有備而來。他說出一番條理清晰的回答，等到電梯在十二樓停下，委員已經願意助他一臂之力，即將展開的連任選戰，也得到這位企業主的支持。你能不能在六十秒或更短的時間內，告訴別人為何要買你的東西？

幫你抓重點

人家用力關上門的時候，別把你的腳伸進去，要把你的頭伸進去，你才能繼續說下去。

速成祕訣 69

指出問題在哪裡

如果你看過電視上的資訊型廣告，你就會發現問題會被誇大到什麼程度。其實大多數的資訊型廣告推銷的產品，解決的都是大多數的人壓根沒發現的問題！

你該怎麼做

先弄清楚問題是什麼，再想辦法讓大家都了解問題。你的潛在客戶一旦發現有問題，就會迫切需要你的解決方案。

你聽過口臭一詞嗎？這個毛病存在已久，但直到二十世紀初，「口臭」一詞才廣為人知。這個詞能流傳開來，要歸功於發明漱口水的商人。他發現了問題，藉由廣告予以誇大，再販賣解決方案，賺進一筆財富。你發現了問題，一定要告訴你的潛在客戶。你提出的解決方案，會是一道清新的好口氣！

幫你抓重點

很多人要是不知道有這個問題，就不會購買這個問題的解決方案。

速成祕訣70

追回流失的客戶

有時候最值得追求的客戶，就是離開的客戶，也就是那些「倒戈」、投向競爭對手懷抱的客戶。這些客戶倒戈之後可能會發現，換人並沒有當初設想的美好。你持續努力贏回客戶，說不定就會重新得到一位好客戶，說不定比以前跟你合作的時候更好。流失的客戶往往只是在等你邀請他們回去。

你該怎麼做

製作一份流失客戶的名單，也要記錄你是如何努力贏回他們。

一家牙醫實驗室的老闆失去一位大客戶，等於失去超過百分之四十的固定業務。老闆主動聯繫，大客戶卻始終不回電話。經過幾番思考，他決定換一種方法。他買了一張慰問卡，寫下幾句要對客戶說的話。他說，他不知道客戶為何不滿意，但覺得很遺憾，無法繼續服務，因為他相信雙方能合作無間。他表達遺憾，公司今後只能與他人合作。他寄出卡片，很快就接到客戶回電。客戶表示想坐下來談，很快老闆就贏回一位忠實客戶。所以不要放棄流失的客戶。

幫你抓重點

只要努力，你就會發現失去的客戶也會再回頭，你們之間的關係也會改善。

速成祕訣 71

免費還是有用的

你可以用各種強而有力的字眼，推廣你的行銷訊息，但「免費」仍然是最管用的一個。有一本行銷雜誌就在一篇文章中提到，無論主講人口才再怎麼好，講座主題再怎麼有衝擊力，能吸引的人數，都比不上免費的餐飲。誰都喜歡不勞而獲。

你該怎麼做

招待潛在客戶吃一餐。要事先勘查請客的餐廳，選在不會有人打擾的安靜角落。事前規畫絕對值得。

如果你想拉攏的是始終無法搞定的潛在貴客，不妨招待他們免費的精緻佳餚。你的邀請函要包括下列重點，可提升對方出席的機率：

一、一定要讓對方知道，他們沒有一定要出席的義務。
二、要請對方放心，他們是你的嘉賓，你會買單。
三、要向對方保證，用餐期間不會遭受強力推銷。他們覺得安心，就更有可能答應出席。

幫你抓重點

很多人說天底下沒有白吃的午餐，但你可以證明這話不對。舉辦一場沒有壓力的宴會，撒下大量免費禮物與餐點，神隱的客戶就會現身啦！

速成祕訣72

眼不見，心不念

你是不是常常覺得，我們好像一輩子都在排隊？一點都沒錯！人類的平均壽命是七十八年，根據估計，我們將近五年的時間都花在排隊上。除非有必要，否則沒人喜歡排隊，也沒人喜歡看見自家員工，在公司做著與直接服務客戶無關的事情。雖然有時候其他的工作也很重要，但最好在客戶看不見的時候完成。排隊的客戶只要看見每一位員工忙著滿足他們的需求，就不會生氣。

你該怎麼做

教導你的員工，在沒有直接服務客戶的時候，就要離開客戶的視線範圍。也許更重要的是，要讓員工認為客戶比他們在做的事情更重要，並且幫忙服務客戶。因為客戶真的不能理解，為何沒人服務自己。

速食業最近幾年遭受打擊，意見調查顯示的客服成績是一年不如一年，因為客戶常常看見櫃臺後面有二十人忙著烹飪、擦洗、清掃，而只有一個人服務他們。在你的公司，如果也有員工必須處理服務客戶以外的事情，就不要讓客戶看見這些員工，以免客戶不滿。

幫你抓重點

客戶要的不是稍後有人服務，而是現在就有人服務。能讓客戶不需要排隊等人服務的公司，就會是贏得新客戶的公司。

速成祕訣73

電子郵件：是敵是友？

電子郵件已成為現代社會最重要的溝通方式。連郵局都感受到電子郵件的影響。人口與企業家數持續增加，信件數量卻大減。電子郵件若是運用得當，就會是招攬客戶的利器，運用不當則會是最恐怖的敵人。

你該怎麼做

蒐集每一位潛在客戶的電子郵件地址，製作無比精采的電子郵件內容，讓你的客戶周周或月月都期待你寄來的信。

有一位企業主管說，她一天收到超過兩百封電子郵件，差點看不完。更慘的是根據她的估計，其中百分之七十至八十，都是毫無意義的垃圾信件。所以使用電子郵件要小心，要遵守三項簡單的規則：

一、要為收件者量身訂做主旨。很多電子郵件被收件者看都不看就直接刪除，是因為主旨就長得很像**垃圾信件**。

二、不要未經收件者同意，就廣發訂閱郵件。

三、要分享對收件者有益的消息，大可使用電子郵件，但信的內容要簡明扼要。

幫你抓重點

若使用得當，電子郵件會是最能招攬新客戶的工具。要是使用不慎，就會是最可怕的惡夢。

速成祕訣 74

服務不打烊

你的企業應該不需要提供全天候且全年無休的客戶服務，你的客戶也許根本不需要，或不想要這種程度的服務。但現在有幾種簡單又低成本的服務方式，即使在非營業時間，你的客戶也不會求助無門。

你該怎麼做

提供客戶各種選擇，包括你的網站，你的電話號碼，你的緊急服務。要讓客戶知道，你在非營業時間仍然可以服務。了解業界的競爭對手提供怎樣的服務，要超越他們。依據你的需求，採納競爭對手的想法與策略。

一位客戶前往大型連鎖藥局，發現店家已打烊，簡直氣炸。接著她發現店門口有個告示，請她前往距離最近的二十四小時藥局，這才轉怒為喜。你在非營業時間，能提供客戶怎樣的服務？設置緊急專線電話服務？提供緊急事件可撥打的手機號碼或傳呼機號碼？成立全天候，全年無休的客服專線，回答客戶的問題，推遲到營業時間再處理？電話在非營業時間響起，你該怎麼做？與其讓電話線那一頭的客戶空等，還不如設置答錄機，告訴客戶你能服務他們的時間？

幫你抓重點

現在的社會已經不是朝八晚五，周一至周五。大家的行程各有不同，在不少傳統企業下班回家之後，往往還有很多人需要服務。能服務他們的企業，就能贏得新客戶，留住老客戶。

速成祕訣75

神奇的關鍵字

你跟客戶打交道，神奇的關鍵字是「開心」。你往後絕對會遇到一位對你、你的產品、你的服務，或是你的公司不滿的潛在客戶或新客戶。你懂得處理情緒問題，就能將生氣的客戶，變成忠誠的主顧。這也會是失去這些客戶，或贏得他們的認同的關鍵。要知道哪些事情能讓你的客戶開心，有機會就要做到。

你該怎麼做

跟潛在客戶及現有客戶打交道，千萬別忘記「開心」兩個字。世界上大多數的人無論使用何種語言，都能了解這個重要概念。

有一位電信公司的經理，遇到一位不滿的客戶。他仔細聆聽客戶的抱怨，問了一個神奇的問題：「我該怎麼做才能讓您開心？」客戶先是表示，電信服務停擺害他無法通話，所以他的帳單應該要減免四百元。經理立刻答應，再問道：「這樣您開不開心？」客戶接著又說，他希望能有維修人員到他家去，在四點以前將他的電話修好。經理說：「我最頂尖的人手已經在路上了。您的電話如果能在下午四點前修好，您會開心嗎？」客戶說他還想要一個東西，就是道歉。經理聞言，便為公司服務不周道歉。他知道面對不滿的客戶，祕訣在於要問一個問題：「該怎麼做才能讓您開心？」而且在能力範圍之內，滿足客戶的要求以化解爭端。

幫你抓重點

滿足客戶的要求，讓客戶高興。你滿足了客戶的要求，客戶就覺得受到重視。

速成祕訣76

品質是最好的代言

多年來，Hanes內衣電視廣告裡的女子說著一句廣告詞：「我說是Hanes，才是Hanes。」這支廣告效果很好，賣了不少件內衣。美國企業的品質管理多年來嚴重衰退，海外競爭對手趁機搶走大量市占率。如今我們捲土重來，表現更勝以往。但我們是付出大筆學費，得到慘痛教訓，才知道產品與服務品質的口碑有多重要。

你該怎麼做

今天就下定決心，帶領你的公司追求卓越品質。也向客戶與潛在客戶宣示這份決心。品質是許多選擇累積而成的效應。

已故的威廉·愛德華茲·戴明因為重視品質，而受到舉世尊崇。他說，品質不但不必花錢追求，反而是創造利潤的中心。高品質產品被拒絕的次數較少，需要的維護較少，故障較少，壽命較長，使用較為愉快，客戶忠誠度也會增加。

幫你抓重點

總會有高端買家，願意花高價購買優質產品與服務。

速成祕訣 77

跟上科技的腳步

我們生活在日新月異的世界。你的新電腦或設備剛買就過時，因為生產線又製造出更好的產品。我們要穩住市場上的地位，就必須跟上最新的科技與設備。祕訣在於公司要編列固定的預算，使用最先進的科技與設備。走在時代的最尖端，便能擁有競爭優勢，更能將潛在客戶轉化為客戶！

你該怎麼做

建立檢討機制，評估公司的科技是否符合當前標準。也別忘了編列升級預算！科技＝生產力＝競爭力＝吸引大量新客戶。

拉斯維加斯的一家印刷廠有項政策，每逢新設備上市，就要詳加調查。如果他們有一台只用了一年的印刷機，製造商又推出更好的新款，他們就會研究新款是否真的更好。如果真的更好，他們就會馬上賣掉現在這一台，買下擁有最新功能最好的新款。他們有最好的設備與人才，所以能吸引最好的客戶。公司的主要業務，是印製《財富》雜誌全球五百大企業的年報，以及只要最高品質服務的拉斯維加斯賭場。

幫你抓重點

無論你是否進步，世界都在進步。訣竅在於運用最新科技，給客戶最好的服務。

速成祕訣78

你的形象能否助你一臂之力？

看看你的公司四周，那些建築物、車輛、你的辦公室、你的招牌，以及你在路上的卡車。你傳達給潛在客戶的印象是什麼？你如何評價你今天的形象？是不是很悲哀，絕對需要改進？還是跟競爭對手比起來顯得平庸？還是你覺得今天的你很出色？一定要花時間分析自己的形象，判斷能否助你達成長期目標。

你該怎麼做

細細評估你的公司的形象，要訂下目標，再也不允許平庸。平庸的形象也許對你無害，但擁有中上或出色的形象，絕對對你有益。你就會如同荊棘叢中的玫瑰，鶴立雞群。

麥克的洗車公司，在那一帶是廣受歡迎的洗車集團。他們的設備看上去並不平庸，而且絕對對他們**有益**。首先是色彩耀眼的超大招牌，修剪整齊的草坪，賞心悅目的鮮花，還有一塵不染，細心維護的設備。你開著車子進入傳送帶，車頭與車尾都有額外清潔，以蒸汽洗去蟲隻與柏油。甚至還有兩名穿西裝打領帶，面帶微笑的員工向你問好。天底下有這麼周到的洗車服務嗎？

幫你抓重點

你的形象應該要能助你一臂之力，否則就是在阻礙你。何必要在一天的開頭，就逆風而行呢？

速成祕訣79

不要把任何事情視為理所當然

招攬新客戶的一大問題，是落入自滿的陷阱。要是沒做好準備，競爭對手又跟在你後面大肆宣傳，猜猜誰會拿到訂單？到頭來你只能納悶到底哪裡出了錯，而你的競爭對手則是帶著客戶離去。

你該怎麼做

問你自己，我是不是太自滿了？我究竟該怎麼做，才能吸引這一位潛在客戶？

拉斯維加斯一名業務員，要向一家大企業做簡報。他與潛在客戶彼此認識，所以他不知道該做哪一種業務簡報。最後他打電話給他的良師，也就是大企業的董事會成員，請他推薦合適的簡報類型。睿智的良師對他說：「如果你從未見過這群人，你會做怎樣的簡報？」業務員說，他會製作詳細的PowerPoint簡報，準備一本內含所有詳細資訊的客製化手冊，還要特別準備一個空間推銷。他是這樣想的，也是這樣做的。那次的簡報非常成功。即使面對你曾經往來過的客戶或潛在客戶，也要像初次見面那樣準備，你每一次都會成功。

幫你抓重點

沒有所謂準備過多會失敗這回事。你把你的客戶，或是你的成功當成理所當然，才會失敗。

速成祕訣80

謹防未經診斷的處方

想像一下，新來的醫師什麼也沒說，就開始為你開藥。不看病歷、不看生命徵象、不看主訴。你還願意付錢嗎？這位醫師開的藥你敢吃嗎？想必你不會樂意。不經診斷就開處方，叫做不當治療！

你該怎麼做

絕對不要不經診斷，就給客戶開藥方。要先了解客戶最重視的是什麼。要怎樣才會知道？問就是啦！

有一位水管批發商迫切需要增加銷售量，吸引新客戶，就請預訂取貨部門的員工給點建議。他們說，客服空間需要好好布置一番，需要新櫃檯，更好的制服，更好的招牌，還要有一個好地方，讓客戶進來取貨。老闆一一照做，銷售量卻全無起色。為什麼呢？因為這些對客戶來說都不重要！

於是批發商親自拜訪水管包商，問他們最在意的是什麼。他們說，最重要的是需要的零件都有存貨。安裝水槽哪怕只少一個鵝頸水龍頭，水管工都無法完成工作。他們最在意的是訂的貨都能拿到。批發商決定要向每一位包商保證，每一筆訂單都會在二十四小時內全數到貨。這項措施非常成功，銷售量大量攀升。為什麼？因為他開出客戶需要的藥方。

幫你抓重點

你的客戶希望你怎麼做？要了解這個問題的答案，而且要做到。

速成祕訣81

要讓客戶方便購買

近年來，越來越多美國人以信用卡及簽帳金融卡，取代現金或支票付款。世上所有的企業面臨這樣的變革，也必須保持靈活，接受多元支付。

你該怎麼做

了解你的客戶希望使用的支付方式。如果你沒有客戶需要的刷卡機或支票保付卡機，今天就安裝！客戶要跟你做生意就會更方便。

拉斯維加斯有一家賭場的招牌寫著：「你想使用哪一種付款方式？我們收金粉、金條、萬事達卡、威士卡、美國運通卡、Carte Blanche、Discover，以及Diner's。我們也收公司支票、個人支票，還有您的旅行支票……管他的，連空頭支票我們也收。當然我們也收現金。」每個人看見這塊招牌都大笑，但也會記得一件事：這家賭場會給客戶方便。

你會不會給客戶方便，讓客戶能輕鬆交易、尋求服務、訂購貨品？你收不收金粉與金條？收不收各大發卡機構的信用卡？你提供客戶便利的購買方式，就能以前所未有的速度，將潛在客戶變為客戶。

幫你抓重點

我們是塑膠貨幣的社會，對抗潮流是無用的。要讓客戶能便利交易。不要製造障礙，害慘自己。

速成祕訣82

要給客戶安全感

卡拉・摩根博士說，你所接觸的每一位潛在客戶，在人生的某個階段，幾乎都有被哄騙，被利用，也許還有被欺騙的經驗。他們也許聽過許多永遠不會兌現的承諾。你滿足了客戶對於安全感的需求，就更有可能贏得客戶青睞。讓客戶覺得跟你往來很安全，是招攬客戶的重要策略。

你該怎麼做

與他人一同分析潛在客戶覺得哪些地方可能會覺得有風險、有壓力，或是有義務，擬定一個能解決這些問題的攬客計畫。

有一位業務員在遊說最難說服的潛在客戶的過程中，發現「沒有」二字效果奇佳。他向客戶表達希望合作的意思，也再三請客戶放心，絕對沒有風險，因為他可以百分之百保證。也絕對不會推銷，因為他只想告訴客戶，他能提供怎樣的協助。絕對沒有義務，因為客戶有權利說「不」，而且雙方不會傷了和氣，他不會再強求，彼此也不會尷尬。他從來不會將潛在客戶置於尷尬的處境。他的策略成功，那位始終觀望的潛在客戶，最後成為他的客戶。要帶給你的客戶安全感。掃除風險，降低客戶的恐懼，就能看見成果。

幫你抓重點

無論你喜不喜歡，人總是會受恐懼左右。帶給客戶安全感，是招攬新客戶的最基本原則。

速成祕訣83

言多必失潛在客戶

二次世界大戰期間，宣傳海報上的「言多必失」，提醒美國人不可洩密。潛在客戶願意向你吐露祕密，你也要牢記這項原則。要對自己承諾，潛在客戶與客戶向你吐露的祕密，你絕不會洩漏給任何人。

你該怎麼做

要記得一個道理，兩個人要能保守祕密，那除非其中一個是死人，所以絕對不要洩漏祕密。

包柏聯絡他的其中一家主要供應商，討論最近遇到的幾個內部問題。他一開頭就要求供應商，絕不能洩漏談話內容。接著他說，公司最近發生幾起內部竊盜事件。他跟供應商一同擬定因應的計畫。更重要的是兩人建立了以信任為基礎的關係，而信任正是別人對你的最大肯定。供應商請包柏放心，他絕對不會將公司的情況洩漏出去，保證不會。你的潛在客戶或客戶遇到同樣的情形，能不能信任你？

幫你抓重點

說你要做的，做你說過的。你表現穩定、值得信任、為人誠信，新客戶就會源源不絕。

速成祕訣84

累積信任

無論是私交還是專業上的往來，信任是所有真正美好的關係的最重要的成分。問題是信任必須以長期一貫的表現慢慢累積。很少會有客戶第一天認識你，第一次與你交易，就信任你。

你該怎麼做

要立下規則，對客戶的承諾一定要做到。要記得，你的承諾就是你與客戶之間的約定。

打造沃爾瑪帝國的零售巨擘山姆．沃爾頓深知信任的重要。他曾說：「我若能贏得客戶的信任，離成功也就不遠。現實就是必須一個個客戶，一次次交易，一天天不斷累積客戶的信任。」想贏得更多信任，你能做的就是信守承諾，貫徹到底，再向你的潛在客戶與客戶表明。比方說：「比爾，我跟你說過我今天會幫你準備好這些，你看東西都在這裡。」或是「瑪莉，我說過我星期三會回電給妳，今天就是星期三。」做了正確的事情，要大肆宣揚一番，就能更快累積客戶對你的信任。

幫你抓重點

信任比雞蛋更脆弱，你要以每一次的交易，與每一位潛在客戶與客戶的合作，細心呵護。

速成祕訣85

一路蠢到掛

你覺得你的公司靠欺騙客戶，就能長盛不衰，還能吸引新客戶？你覺得你的客戶天生蠢笨，而且會一路蠢到掛？很多企業似乎就是以這種態度對待客戶，但這樣的企業無法長久經營。客戶並不如很多商人以為的那樣愚蠢。林肯曾說：「你可以一時騙過所有人，也可以永遠騙過某些人，但絕不可能永遠騙過所有人。」

你該怎麼做

永遠都要說真話，說完整的真話，而且只說真話。以此建立你的名聲。

一位企業主總算能購買頂級的影印機。他有各種辦公需求，所以很期待這台多功能影印機。他的員工的第一項任務，是製作要寄出的明信片，希望能在那一天完成。他們將明信片放入影印機，沒想到卻卡紙，什麼也沒印出來。簡直氣死人！維修人員到場維修，公司員工說明了情況，他看著他們，說道：「我們的業務員跟你們這樣說？他說這台能印明信片？對不起，並不能！」業務員這樣騙人，你覺得他的生意還能做多久？

幫你抓重點

想建立穩固的關係，一定要贏得客戶的信任。客戶若向你透露機密資訊，你絕不能洩漏出去。

速成祕訣86

試試「搭人名」

常有名人向我們推銷各式產品與想法，從運動明星到搖滾巨星，從電影明星到政界名流都有。名人與運動明星向我們推薦某個產品或服務對我們的好處，說服力確實不容小覷。歐普拉．溫芙蕾在她的電視節目介紹的書籍，幾乎立刻就會賣出二十五萬本，純粹因為她在買書群眾眼中擁有極高的公信力。你想爭取客戶，就絕對不要小看影響力的力量。

你該怎麼做

問你自己，你現有的客戶當中，有哪幾位能為你招攬更多客戶。請他們幫你擴散口碑。

只要你開口，會有不少現有客戶願意推薦你的產品或服務，說不定還允許你使用他們的照片與推薦語。想想你該如何運用推薦語、推薦人，也許還有現有客戶的名單，吸引更多客戶。但要謹慎處理，而且要記得：不確定，就確認。一定要經過客戶同意，才能使用他們的照片、姓名及推薦語。

幫你抓重點

如果你懷疑他人的影響力能創造多大的效益，就想想歐普拉推薦的書，為何僅憑她的背書，就能賣出幾百萬本。

速成祕訣87

免費的東西難以抗拒

免費的東西總是令人難以抗拒。哪怕你的潛在客戶是你的競爭對手的忠實客戶，而且完全不考慮跟你合作，不想看你的優勢，還是會受到你所端出的免費贈品吸引。要想想你能端出哪些令人無法抗拒的東西，吸引他們光顧。

你該怎麼做

想想你在預算範圍之內，能提供哪些免費或平價的禮物。召集你的團隊，一同發揮創意。

鳳凰城有一位製造業的老闆，想吸引全美各地的潛在客戶。他打算在公司舉辦一場很特別的周末招待會，有慶祝活動，高爾夫球，還有其他好玩的活動。

他寄給每一位潛在客戶一個包裹，裡面有刻上名字的邀請函、執行長寫的信、超級精采的活動表，還有雙人往返鳳凰城的來回機票與巴士車票兌換券。一切費用全免。活動非常成功，幾乎每一位受邀的潛在客戶都飛往鳳凰城，其中很多最後也成為這家公司的忠實客戶。這次活動的成功之處在於有展示與說明，也展現公司的實體，但真正吸引客戶的關鍵，仍然是免費招待。

幫你抓重點

無論在人際關係還是專業關係，「免費」始終是最吸引人的誘因。

速成祕訣88

廣告要有創意

如果你曾經推出廣播或電視廣告，那你該知道這類廣告昂貴得很，通常無效，十之八、九是白花了行銷預算。其實廣告也可以很有效。只要稍稍改變做法，你也能在眾聲喧譁中崛起，擄獲眾人的目光，建立品牌知名度。我們稱之為以幽默解決問題。大家都喜歡娛樂，也樂見問題得以解決。你以幽默戳中他們的笑點，他們就會記得你。

你該怎麼做

但凡要製作廣告，無論是平面媒體或廣播媒體的廣告，試試這個方程式：問題＋解決方案＋幽默＝影響力。

問題、解決方案，以及幽默方程式的最佳例子，是赫茲租車公司推出的一則廣告。有位先生走進一家破舊的租車公司，說要租一台 Bronco。櫃檯後方賊頭賊腦的員工立刻填好表格，收了租金。下一個鏡頭就是這位可憐的先生騎著馬，馬兒又是突然彎背躍起，又是亂踢，把這位先生整得很慘。顯然可憐的先生是被騙了。鏡頭再轉到赫茲租車公司，告訴你他們是如何竭盡所能，交給客戶一台真正的 Bronco（由福特汽車生產），附帶最貼心的客戶服務。

幫你抓重點

你的廣告要是跟其他人一樣，效果大概也會跟其他人一樣。所以要適度發揮創意與幽默感，在眾聲喧譁中崛起。

速成祕訣 89

取得免費的資金

促銷在現今是前所未有的重要，大多數的製造商與經銷商，都有資金能讓你進行「合作促銷」，追求你迫切需要的潛在客戶。有些最多還會支付百分之九十的費用！而且並不是僅限於廣播、電視，或平面媒體廣告。你若能發揮創意，就能將這麼大一筆錢轉入你的帳戶，用於各種促銷活動，例如促銷信件、商展、客戶午餐會、高爾夫球聚會、釣魚比賽，或是周末休閒。發揮你的創意，去拿外面的免費資金。

你該怎麼做

列出目前往來的各大品牌與客戶，積極爭取他們提供的「合作促銷」資金。給你自己做一個標語，上面寫著「沒拿到就是一種損失」。因為這些錢你要是沒拿到，就會落入別人手裡！

哈利是一位積極進取的零售商，喜歡推廣自家公司，追求潛在客戶，尤其是用別人的資金。他擁有一份供應商的清單，積極爭取每一家製造商的銷售獎金、合作促銷資金，以及促銷資金。他一問再問，再三爭取，努力不懈。他與多位前來拜訪的業務員建立交情，打聽他們是否有可自由運用的資金。他廣結善緣，勤於詢問，也順利拿到追求新客戶所需的促銷資金。

幫你抓重點

記住，不主動開口要，就永遠不會有！

速成祕訣 90

一個神奇的問題

每一家想要爭取更多客戶的企業，都期盼能有提升業績的神奇方程式。記得要問客戶一個神奇的問題，保證你會有更多生意：「如果我能提供你需要的產品與服務，你會不會考慮跟我買？」

你該怎麼做

寫下這個三步驟方程式，仔細研究答案。要運用這個神奇的方程式招攬客戶。

丹這個人一輩子都在推銷，從濾油器到油井投資案，什麼都能賣。他發明了三步驟的神奇流程，能將潛在客戶變為新客戶。

一、盡量多了解潛在客戶這個人，以建立交情。

二、深入鑽研潛在客戶的需求。

三、問一個神奇的問題：「如果我能提供你需要的產品與服務，你會不會考慮跟我買？」

丹運用這個方程式，賣出價值幾百萬美元的各類產品與服務。

幫你抓重點

很多經驗豐富、成就斐然的業務員都說，成功是用嘴問出來的。

速成祕訣 91

要鎖定有錢、有權、有需求的買家

我們都經歷過那種慘劇，潛在客戶眼看就要成為第一次購買的客戶，卻無情回絕：「我們買不起」、「我要先問過其他人才能買」，或是「抱歉，我們真的不需要」。若不想被潛在客戶如此打槍，就要鎖定有錢、有權、有需求的買家。

你該怎麼做

要預先確認，你的潛在客戶有錢（金錢或額度）、有權（有權簽下購買契約），有需求（用得上你的產品或服務），能成為你的客戶。

瑪莉安拜訪過一家製造公司的採購人員幾次，建立不錯的交情。她很有信心，只要堅持下去，就能拿到這家公司的工業工具、鑽頭零件，以及手工具訂單。過了幾個月，這位採購人員才吐露實情，原來他的妻子也是工業工具公司的業務員，所以他真的不能跟別家買。瑪莉安走著走著走進了死巷，因為她往來的對象並非有錢、有權，有需求之輩。她沒有事先調查清楚，這位潛在客戶是否有錢，有權，有需求購買。

幫你抓重點

不要向裸體主義者推銷衣服、向素食主義者推銷肉類、向無神論者推銷《聖經》，或是向和平主義者推銷槍枝，否則只是白費時間在不符資格的潛在客戶身上。

速成祕訣92

是，不，可能吧

對於業務員及招攬客戶的企業來說，最一槍斃命的莫過於「可能吧」三個字。誰都聽得懂「是，現在該走了。」誰也都聽得懂「不，現在該放棄了。」但最糟的情況是，潛在客戶拿「可能吧」敷衍你。這種感覺有點像魚一直咬你的餌，但你什麼也沒釣到。到頭來你沒有魚，沒有餌，天又黑了。你花了一整天，等待「可能吧」變成「不」，純屬浪費時間。要知道，你不能接受「可能吧」這種答案。

你該怎麼做

不要耗太久，浪費你的資源。要知道何時應該收起釣竿，尋覓另一座湖泊。

安迪說他聽得懂「是」與「不」，但最常要應對的卻是「可能吧」。他跟客戶往來一段時間之後，他會無所不用其極，促使客戶明確表態。客戶說「不」，他反而覺得是好事，因為他就能將客戶從「可能吧」名單移除，轉向其他客戶。

幫你抓重點

客戶常常會敷衍你，讓客戶表明「是」與「不」，對你有很大的好處。

不要怕被客戶狠狠拒絕，才能知道該不該投資時間與精力。

速成祕訣93

大就是好

如果你經營的是中小企業，有時可能必須營造形象，讓潛在客戶認為你是一群大衛王當中的歌利亞。有時候你需要運用感覺與假象，塑造比實際的你更強大的形象。在許多潛在客戶的眼中，大即是好。

你該怎麼做

發揮創意，讓你的穿著打扮看起來像歌利亞，而不是大衛王。但要小心，大多數的假象遲早都會破滅。

傑克擁有六台一塵不染的貨車，車體有很吸睛的圖案。他的平面造型師提出一個小小的創意，能讓潛在客戶誤以為他擁有龐大的車隊。他在貨車的左右兩側，分別打上不同的編號，畢竟誰也不可能同時看見貨車的兩側。例如第一台貨車的左側是六號，右側是八號。下一台貨車的左側是十號，右側是十二號。接下來依序是十四號與十六號、十八號與二十號，二十二號與二十四號。別人看見他的貨車進進出出，會以為他擁有整個城市最大的車隊，其實他只有六台貨車而已。你能不能運用類似的計策，壯大你在潛在客戶面前的聲勢？

幫你抓重點

有時候小小的構想會有大大的效果，亦可以假象塑造你在潛在客戶心中的形象。

速成祕訣94

建立人脈網

想與潛在客戶展開對話，人脈網是最好用的工具。你可曾有過想接觸需要你的商品或服務的潛在客戶，卻被看門人阻擋的經驗？如果有，也許你該思考你的人脈。你需要的人脈，必須能消滅你與大訂單之間的障礙。

你該怎麼做

仔細研究你的同僚、同事、朋友，以及家人認識哪些人。幾乎每個人都認識可能成為潛在客戶的人。

傑克屢次聯絡一家生意興隆的連鎖餐廳總裁，想介紹他獨特的中央暖氣與空調系統的固定費率維護方案。他能提供連鎖餐廳更優惠的價格，更好的服務，問題是他始終無法聯絡到總裁。

某個星期天早晨，傑克在教堂無意中聽見另一位教友自稱認識連鎖餐廳的總裁。傑克走向這位教友，問他是否願意將傑克與公司介紹給總裁，好讓傑克說明自家的優質服務。就在隔天早上，傑克接到朋友來電，說總裁在等他的電話，也想安排會面，討論傑克所說的更優惠的價格、更好的服務。

幫你抓重點

你認識的人當中，有誰能為你開啟一道門？

速成祕訣95

別拿同一套對付所有人

一套辦法不能拿來對付所有人。應該把每一位潛在客戶當成個體，再依照個人的需求，設計專屬的方案。擅長招攬客戶的企業，不會有死板的政策與程序，而是給予員工彈性的方針，充分授權。

你該怎麼做

給予每一位買家專屬的待遇，你就能吸引許多客戶。你的公司是否有死板的方針、規則或規範，完全不能依照客戶的需求調整？要記得不能用同一套對付所有人。

瑪莉安拜訪查理的次數越多，越覺得查理有可能成為大客戶。但到目前為止，查理只是偶爾購買。瑪莉安某一天走進查理的公司，發現她幾個月前賣給查理的一台設備，被塞在工作台的下方。她問起這件事，查理說設備本身沒問題，只是不符合他的用途。瑪莉安立刻走上前，把設備從工作台下搬出，對查理說她要帶回公司，再退款給查理。查理馬上說不需要退款，因為退貨期限已經過了。他坦言這台設備是買錯了，他也沒有趕在期限內退貨。瑪莉安的公司指導過她，而且公司規則也不是不能變通，所以她知道應該將設備取回，退款給查理。瑪莉安這次的舉動有如臨門一腳，查理很快就成為她的最大買家之一，也是最忠實的客戶。

幫你抓重點

太多人唯恐被占便宜，殊不知百分之九十八的客戶只想要合理的交易，獨特的待遇。

速成祕訣96

在情場與戰場可以不擇手段

大家都聽過一句老話：「在情場與戰場可以不擇手段。」在這個速成祕訣，我們要加上第三個條件：「在情場、戰場，還有爭奪客戶的商場，可以不擇手段。」要在市場上競爭，就要掌握競爭對手的動向。競爭的人有三種：主動的、被動反應的，還有完全不動的。只有主動的人，才能在往後的競爭賽場上勝出。

你該怎麼做

要積極主動！請所有的朋友、員工、業務員、同事，以及業界的相識提供最新情報，以便掌握競爭對手的動向。

你問桃樂絲，她的競爭對手都在做些什麼，她不但能告訴你，還能展示給你看。她設置了每一位競爭對手的資料夾，還會每天追蹤他們的動向。她還有一群

「線民」給她情報，提供型錄、價目表、促銷資訊，還有各種她需要的詳細資料。除非能掌握競爭對手的動向，否則就無法擬定妥善的戰略計畫，也就無法吸引新的客戶。你若是被動反應或完全不動，今天就要下定決心積極主動。

幫你抓重點

每個人對於公平的見解不同。只要所用的方法正當誠實，就要盡全力了解競爭對手的動向。

速成祕訣97

他們知道的，你知道嗎？

在當今的高科技世界，若是沒有研究，就不可能了解你的潛在客戶知道些什麼。逕自假設是很危險的。自顧自說著產品或服務的行話，以為客戶都聽得懂，是很危險的。但以高高在上的口氣，對著熟悉產業的客戶說話，也是很危險的。最好是先假設你不知道客戶知道些什麼，再設法了解。

你該怎麼做

製作一張三×五大小的卡片，上面寫著：「說他們的語言！」放在你的工作場合，時時提醒自己。

一位銷售經理致電給潛在客戶，說明他的產品與服務，從最基本的事實與數據開始講起。問題是電話那一頭的先生，正好是這個領域的工程學教授。銷售經理越往下說，教授就越生氣。教授最後結束通話，因為覺得被羞辱。其實經理可以問一個安全的問題：「您對於這個領域，或是這項產品或服務有多熟悉，想知道哪些資訊？」讓客戶告訴你他們想知道什麼，再從這一點說起。

幫你抓重點

你讓客戶先說他們想知道什麼，就不容易惹麻煩。

速成祕訣98

讓好的行為再現

在這個速成祕訣，我們引用親身影響心理學的基本原則，由已故的柯普梅爾首創。主要原則是：得到獎勵的行為會再度出現。以讚美、意見、字條、小禮物，或是任何能鼓勵他人重複正面行為的方式，強化正面行為。要強化你與潛在客戶的成功經驗。你強化你要的行為，他們就會更頻繁出現這種行為。

你該怎麼做

製作海報或卡片，提醒自己：「得到獎勵的行為會再度出現。」強化正向的行為，盡量寬容你的員工的錯誤、過失與疏忽，再看看後續的效應。

克莉絲汀是醫院院長的新任行政助理，院長交給她一個棘手任務，要她把一堆文件、字條、紙片，整理成一份要交給董事會的行政報告。她辛苦了一整天，爬梳雜亂的文件，整理成專業的報告。她將報告放在院長的桌上，院長看她如此能幹，簡直樂不可支，說隔天要請她吃午餐。克莉絲汀發現，她拿出好表現，就能得到老闆的肯定與獎勵，她也就更想表現。這對兩人來說是雙贏。

幫你抓重點

留意別人的好表現，就等於克服我們喜歡批評、譴責、抱怨的本能。

速成祕訣 99

傳統是神聖的

要招攬潛在客戶，一定要說明你的公司有哪些潛在客戶會敬重的傳統。你與你的同事應該要將這些傳統為奉為圭臬，因為傳統代表公司的理念與哲學。畢竟誰都喜歡有點格調。有了格調不但能提升士氣，潛在客戶也會認為你與你的公司有價值，有內涵。

你該怎麼做

思考你的公司擁有哪些神聖傳統，予以保護。告訴你的潛在客戶，這些價值對你有哪些意義，對他們又會有哪些意義。

有一位執行長前往南美洲實地調查，發現當地文化非常尊崇神廟、雕像，以及宗教手工藝品。他深有感觸，立即開始特別留意他站的地方，碰的東西，還有他的儀態，在不知不覺中依循當地文化的崇敬之心，仿效當地人的行為。他發現同樣的道理也可用於他的公司。他回到辦公室後，與員工一起建立一系列的傳統與價值，讓潛在客戶、現有客戶及公司員工都能看見、欣賞。

幫你抓重點

有人在乎，就會有更多人在乎。你推崇公司的傳統，別人很快就會懂得尊重你堅守的價值，捍衛的原則。

速成祕訣100

小狗暖心的舔舐

很多人會養狗，完全是出於意外。一般是在某個時刻，抱起親切又愛撒嬌的小狗，小狗熱情狂舔他們的臉，他們就此愛上小狗。原本沒想過要養寵物，卻搖身一變成為飼主。小狗跟新主人回家，成為家庭的一份子。

你該怎麼做

開放潛在客戶試用你的產品或服務。推出現場免費試用產品，免費體驗服務十五天，或是任何能吸引他們試用公司產品與服務的方案。他們試過就很有可能會購買。

有一位擁有幾英畝美麗林地的郊區居民出門買鋸子，跑了好幾家店都大失所望。這些店家展示的鋸子看起來很廉價，用途有限，而且恐怕鋸不了太硬的東西。後來他總算走運，走進一家商店，不但有多款鋸子可供選購，還有人員詳細介紹。但他真正感受到小狗舔臉的那一刻，是業務員邀請他拿著鋸子到外面試用。他用鋸子鋸下測試用的幾根樹枝，決心要買下鋸子。那天這家店賣出一把鋸子，其他店家也損失了一位潛在客戶。

幫你抓重點

世上所有的廣告，比不上一次正面的個人經驗。

速成祕訣 101

別給他們理由

你可曾遇見不肯改變想法，不肯轉換話題的人？有一位非常成功的企業家，就是運用這項原則，創立許多能營利的企業。他的哲學是：「絕對不要給客戶跑去別家的理由。」

你該怎麼做

要向競爭對手看齊。絕對不要讓客戶到別的地方，去尋找你所缺乏的。

當時才剛過早上六點，顧客魚貫走進一家麵包與咖啡店，卻看見公告寫著店裡的咖啡沒有了，頓時大失所望。顧客若不想喝店裡的汽水或開水，就只能去別家。於是很多顧客離去，到街上不遠處的另一家能買到咖啡的店。其實在僅僅幾條街之外，就有一家二十四小時營業的超級市場，麵包與咖啡店的員工大可在這裡買到各種咖啡，就能滿足顧客的需求。他們卻等於強迫常客到別家店去買一天的第一杯咖啡。這真是工業級的愚蠢。

幫你抓重點

你的客戶如果光顧你的競爭對手三次，以後大概也會比較喜歡你的競爭對手。

速成祕訣 102

你賣的是什麼？

傑克．屈特與艾爾．賴茲在暢銷著作《定位：在眾聲喧嘩的市場裡，進駐消費者心靈的最佳方法》主張，你的公司名稱非常重要。公司的名稱，應該是你與你的潛在客戶的心中的最短距離。而且一定要把你賣的東西表達清楚。

你該怎麼做

你要是改不了公司的名稱，就要在名字下方的口號下點功夫，讓客戶一看就知道你的公司在做什麼，客戶又為什麼應該選擇你。

看看下列這些真實的公司名稱，猜猜他們賣的是什麼：

星期二早晨（Tuesday Morning）

A．J就在你身邊（A.J's Close）

第二十一項修正案（21st Amendment）
糖梅樹（The Sugar Plum Tree）
反敗為勝（Bounce Back）
鬱金香樹（Tulip Tree）
普莉西雅的家（Priscilla's）
瘋狗的家（Mad Dog's Place）
美國規格（Amerispec）
杜松服務（Juniper Services）

你能猜對一兩個，都稱得上是神人。你的公司名稱，真能代表你們的身分與業務嗎？如果不能，也許就該改掉。

幫你抓重點

把你自己的喜愛放在一旁，要知道你最重要的東西，就是你公司的名稱。

速成祕訣 103

一切都很重要

你想從競爭對手那裡搶過來的新客戶，他們重視的是什麼？什麼都重視！想爭取新客戶，在幾件大事，以及幾百件小事上面，都要做得比競爭對手好。我們稱之為管理你的「全方位客戶經驗」。

你該怎麼做

要注意你的事業細節，而不是只注意重點。

想像你參加體操比賽，結束後評審各自舉起計分卡：九．一、九．四、九．七。但決定最終名次的，是累計分數。你的公司也是一樣。你要關注幾件大事，還有幾百件小事。你始終在意細節，長久累積下來就能贏得新客戶。客戶知道自己是有選擇的，你沒有妥善管理「全方位客戶經驗」，客戶就乾脆去別家。

幫你抓重點

所謂吸引新客戶，就是更善加管理「全方位客戶經驗」。

速成祕訣104

你什麼時候需要？

在期限之前完成，甚至更早完成的祕訣，不是告訴客戶你能在何時完成，而是問客戶什麼時候需要。要了解客戶的時程。客戶的期限往往不如你想像的急迫。你以為隔天要交件，其實客戶可能下周才需要。確實了解客戶的需求，有兩大好處。首先是你有機會超前完成，客戶能提前得到產品與服務。其次是依據客戶的需求安排工作與生產的時程，而不是你的需求。

你該怎麼做

首先要了解客戶心中的期限。如有必要，再協商雙方都能接受的期限。

吉姆帶領眾人參觀他位於鳳凰城的宣傳品公司，一邊說道現在的工作期限與以往不同，我們的生活步調也變快許多。他說，僅僅十年前，若是接到名片或咖啡杯這些客製化宣傳品的訂單，他們能在十天後完成寄出，就已經很開心。現在的訂單卻往往是隨著第一批郵件，在早上八點抵達，他們在早上十點前就完成送出。現在是快節奏的世界。

幫你抓重點

在當今的快節奏世界，若你能持續降低客戶的期待，再拿出超乎預期的表現，能吸引的客戶人數，會超乎你的想像。

速成祕訣 105

訂單流失＝機會

企業只要擁有正確的存貨，細心留意客戶想要什麼、需要什麼，就能將訂單流失、特殊訂單，以及完售等情況化為轉機。

你該怎麼做

你的存貨必須是最新的，而且要追蹤所有的訂單。目標是該有的要有，不該有的絕對不要有。

一家小店開始記錄流失的訂單所涵蓋的特殊採購與品項，很快就發現有一個品項是客戶五次要購買，他們卻沒有存貨。小店向客戶表示願意進貨，客戶也承諾將所有的訂單交給這家店。小店僅僅追蹤一項特殊採購，就多了一位能創造獲利的新客戶。你如何追蹤你沒有存貨的品項？你是否會分析這些特殊訂單與流失的訂單？

幫你抓重點

誰都可以說「沒有，我們沒有賣這個」。但能說出「我們會進貨」的人，才能不斷累積新客戶。

速成祕訣 106

讓他們決定

我們不可能猜得到客戶是否願意花錢在他們真正想要的維修、升級、產品或服務上。絕對不要教客戶該把錢投資在哪裡，要讓他們自己決定。你若不知道客戶在考慮的品項或交易的價值，就不要潑冷水。你覺得客戶花太多錢，往往是因為客戶的決策受到情感價值、情緒，以及過往事件影響。

你該怎麼做

讓你的客戶作主，把選項呈現給他們看，讓他們自行決定。畢竟每個人眼中的價值不同。

一位芝加哥商業區摩天辦公大樓的屋主，想賣掉現已荒廢且無人使用的大樓。有一位潛在買家前來，開始不斷嫌棄這棟大樓，一下子說屋頂漏水，一下子說磚塊鬆脫，又點出幾個大問題。賣方實在不知道此人到底有多想買這棟大樓。潛在買家越是嫌棄，賣方就越是降價。最後雙方終於成交。沒想到新屋主立刻將大樓拆得乾乾淨淨，整塊土地淨空。他知道土地的價值，自始自終想要的也只有土地。賣方以為買方看上的是大樓，而非土地，結果少賺幾千美元。

幫你抓重點

你的責任是將現有的選項呈現給潛在客戶，他們要負責判斷哪一個選項最適合他們自己，還有他們的預算、需求及欲望。

速成祕訣107

不只是「滿意」

在過去的年代，企業的目標始終是要讓客戶滿意。大家都認為「滿意」是關鍵字。讓客戶滿意，絕對可以建立關係、提升客戶忠誠度，還可以培養回頭客。現在我們知道，這樣是不夠的。企業必須提高標準，努力從「良好」進步到「極好」，要讓客戶**高興**，而不是僅止於滿意。

你該怎麼做

在辦公室或服務區設置標語，上面寫著「滿意」，再用筆畫掉，在上方寫上「高興」，提醒大家這是新標準。客戶會因為服務，也會因為產品而高興。

密西根大學研究客戶滿意度，並以此衡量企業的成功。有些研究人員認為，要求更高、所知更多的客戶，是企業決心從「滿意」提升到「高興」的原動力。

那你又該怎麼做？你必須重新思考，重新定位，重新調整你的目標、制度、程序，及訓練。要找到能讓客戶高興的戰略與戰術，據此調整你的做法。

幫你抓重點

做到令客戶「滿意」不再足夠，主要的原因是客戶選擇你，本來就認為你會令他們滿意。「滿意」代表你只是履行客戶花錢購買的內容。但能做到令客戶「高興」，就必須超越客戶的期待。

速成祕訣108

價值的看法

現在的企業招攬客戶，常常脫口而出毫無事實與數字根據的術語，例如「獨特的賣出立場」、「規模經濟」、「服務理念」，以及「品牌承諾」。這些字眼都需要進一步探究，才能有效運用。奇怪的是大多數的公司，竟然自以為了解潛在客戶與現有客戶對於商品與服務的價值的看法，也因此判斷錯誤。

你該怎麼做

不要在黑暗中摸索。要調查清楚，你的客戶對於你，還有你所提供的價值，究竟是何等評價。再把這種價值傳達給你的潛在客戶，他們也會成為你的忠實客戶！

在塔克曼乾洗連鎖店，每一家店的天花板都懸掛著標語：「唯一重要的評價，就是我們客戶的評價。」

幫你抓重點

無論你使用怎樣的言語與詞藻，客戶最終掏錢買的還是價值。

速成祕訣109

善用大量

不要小看「大量」的威力。要善用這種力量，告訴潛在客戶你是專家，你是認真的，他們大可信任有能力的你。將巨量存貨全部陳列出來，就能帶給客戶深刻的視覺印象，將你的公司與某項產品聯想在一起，以後需要這項產品就會想到你。

你該怎麼做

要推廣就要大量呈現你的產品。要把產品陳列在門邊，在走道，或是在結帳櫃臺。把重點放在兩、三種能吸引客戶的產品，以巨量震撼客戶。

葛雷格經營一家農具專賣店，主要產品線是強鹿公司的機具。在旺季開車經過葛雷格的店，是一種難忘的經驗，會看見騎乘式割草機與草坪機具堆成比建築物還高的一大疊。店門口還有幾十台牽引機、拖車、前置式裝載斗，以及其他重機械排放整齊，等著送出。他以巨量陳列吸引客戶的目光，也是這家店能成為這一帶最大農具店的主因。

幫你抓重點

巨量陳列會在客戶的心中留下鮮明印象，將你的公司與某項產品聯想在一起，往後若有需要，便會想到你。

速成祕訣 110

重點全在於價值

如果你希望同事能理解潛在客戶的價值，就要說明潛在客戶每年消費金額，終身又能貢獻多少消費。你的員工對於潛在客戶，就會有全新的看法。

你該怎麼做

向你的同事說明長期客戶的價值，再鼓勵他們額外做一些小事，展現對這些客戶的感激，讓客戶高興。給予客戶額外的好處，能提升你的企業的價值。

有一位經理發現，他的協會裡每一位會員，平均每年貢獻五百五十美元的毛利，平均入會時間則為六年半。算起來每一位會員總共貢獻三千五百七十五美元！協會很快就發現，招募會員確實值得投資，因為長期看來絕對划算。

幫你抓重點

告訴你的員工，每一位潛在客戶，都有成為大客戶的潛力，也應享有大客戶的待遇。

速成祕訣111

這個要多少錢？

客戶在購買之前，會想知道確切的資訊，所以要提供所有的價格資訊，方便客戶決策。沒有價格的品項，在客戶看來可能會覺得沒有價值，很多人則是羞怯到不敢問價錢，或是覺得問了價錢就有義務要買。

你該怎麼做

每天檢查店裡的品項，確認每一項都標註價格，客戶才不會認為你的產品沒有價值。

有一家零售商陳列三百種工具，發現客人都是轉了轉架子，把產品拿起來看了看，就放回架上，走出店外。他覺得問題是出在產品沒有標價，而且客人都太害羞、太忙碌，也許也沒那麼想知道，所以沒有詢價。於是他展開一項試驗，給三百件產品全都標明價格。結果銷量瞬間成長百分之四十。僅僅是在商品上標價，銷量就會增加如此之多？

要解答這個問題，只有一個辦法。零售商又回頭把三百件商品的標價一一取下，再觀察接下來六十天的銷量。想不到銷量回到原本的水準。他的試驗證明了每一件商品都要標價，不然客戶會覺得不值錢，直接離去。

幫你抓重點

客戶認為商品本就該有標價，所以不會詢問價格。商品若是沒有標價，等於違反客戶的期待，客戶大概就會離去。

速成祕訣 112

展現所有的長處

你介紹產品或服務特色，記得一定要說明優點。不妨使用下列三種說法：

一、「這個能為你做到……」

二、「這個一定要知道，因為……」

三、「你會喜歡這個的，因為這個能幫你……」

你該怎麼做

要練就介紹特色與長處的本事，潛在客戶就能看出你確實是在推銷價值，也就想成為你的客戶。

你購買一台鑽機，要買的究竟是什麼？是鑽機？鑽頭？都不是。你是想拿著鑽機鑽孔。能鑽孔是鑽機的長處，你向五金行購買的，也正是這項長處。太多人常常只顧著介紹產品的特色，忽略了產品真正的優勢。客戶想花錢買的，終究還是優勢。

幫你抓重點

客戶買的並不是產品本身，而是產品的功能。

速成祕訣113

你能做什麼

太多人只看見人生的黑暗面，完全忽略光明面。很多人只看見路上的車轍，看不見美麗的公路。你尋找新客戶，一定會遇到更大、更好，根基更深的競爭對手，帶來艱難的挑戰。重點在於要聚焦在你**能**做的，但也不要忽略你**不能**做的。

你該怎麼做

你自己，還有你的銷售團隊，看事情始終要看光明面。你也要在同事面前，展現正面的態度。要時時能向你的團隊，說出三項正面的事情。

赫柏任職於一家有三位業務員的小公司。他是公司裡的悲觀大師。公司請他負責特價促銷，他八成會嫌價格太高。公司開發新的產品線，他也會嘀咕品牌有問題。整個公司的士氣被他打擊到快見底，管理階層只能請他另謀高就。你想吸引新客戶，是著重在光明面，還是黑暗面？

幫你抓重點

要記得永保樂觀。

速成祕訣 114

賣點在於價值，而非價格

你拿起星期日的報紙，會看見許多特價促銷的傳單與夾報。你逛著商場，會看見打折、促銷，還有大減價的標語。大多數的商人將價格當成銷售的重點。但若向降價壓力低頭，等於把錢送人。價格固然重要，但絕不是大多數的買家最重視的因素。要堅守立場，以價值為賣點，得到的報酬也許會優於降價。

你該怎麼做

請你的每一位員工，寫下公司所有主要產品與服務的價格、特色、優勢，以及保固背後的理由。

世上只有兩種買家：每次出手都要拿到最划算價格的價格導向買家，以及想知道自己的錢能買到什麼的價值導向買家。這兩種買家要是聰明的話，就會向你詢價。價格導向的買家是想試試看你會不會降價。價值導向的買家則是想看看，你是否對你的價格與產品有信心。

你把價值當作賣點，若有人問起價格，你就說出金額，然後說：「我跟您一樣驚訝，我們的價格能訂在這樣的水準。但這絕對會是明智的投資。方不方便讓我向您說明，您應該購買的原因？」這種技巧能助你克服價格障礙。但重點在於你要堅守立場，要相信你賣的東西絕對值得你標的價格。你自己都不相信你的產品，又怎麼可能說服客戶購買。

幫你抓重點

世上最簡單的銷售方式，是向降價壓力低頭，那就等於把錢送給別人。

你確定要這麼做嗎？

速成祕訣 115

十塊美元的愚蠢

你可曾發現有多少企業砸重金打廣告，推出超低折扣，拿折價券與贈品吸引你，端出各種手段引誘你購買？結果到了要交易的時候，卻賺不到你的錢，因為店裡大排長龍、店員訓練不足，或是櫃檯人員沒有客服經驗。只要付出一小時十美元的小小代價，增聘一名員工，或是加強現有員工的訓練，就能解決問題，把壞經驗變成愉快的經驗。

你該怎麼做

研究你現有的程序，要讓客戶容易購買。人類是習慣的動物，總會選擇阻力最少的一條路。

若要客戶說「要」，就別犯下十塊美元的愚蠢。增聘一名員工，加強訓練現有員工，或是購置新的機器，就能大大減輕工作的壓力。要讓客戶能輕鬆、愉快、迅速購買。等到客戶終於願意掏錢，你卻沒做好準備，那你的麻煩就大了。

幫你抓重點

你堅持擁有對的人、對的訓練、對的態度，對的地點，對的時間，就能大大增進將潛在客戶轉為掏錢客戶的能力。

速成祕訣 116

失去光環

現在的折價券、折扣，以及促銷過於氾濫，已經無法吸引新客戶，也無法提升銷量。舉例來說，幾乎每一家超級市場都把商品價格定得太高。你必須持有店家的貴賓卡，才能享有優惠價格。不妨換一種方法，以優惠價格、贈品或其他誘因，吸引客戶光顧。

你該怎麼做

請贈品供應商為你生產附有公司商標的贈品，用來吸引客戶上門。

我有個朋友買了一台貴到嚇人的豪華休旅車，卻差點與銷售經理起了衝突，因為他的高爾夫球球友買了同款車，都拿到車商免費贈送的帽子與外套，這位銷售經理卻不肯贈送。不要忘了有些人大概不希罕折價券與折扣，卻會因為某些最獨特的誘因，而改換合作對象，或成為某家企業的客戶。今天就開始，試試哪一種誘因能吸引客戶前來。

幫你抓重點

很多人買什麼、在哪裡買，是受情緒所左右，但他們也喜歡為自己的購買行為找個合理的藉口。

速成祕訣117

說出你能做什麼

沒有一個駕駛人喜歡開著車子走進死巷，沒有一位商人喜歡被供應商置於不利的處境。要建立關愛、努力、樂於助人的名聲。當不得不跟客戶說你**不能**做什麼時，記得也要說你**能**做什麼。永遠要準備其他方案，萬一無法滿足客戶的需求，也能提出另一種選擇。千萬不要讓跟你往來的客戶走進死巷。

你該怎麼做

想像你不得不說「不能」的前十大情境。準備幾種正面回應，與負面回應搭配使用。舉例來說，你若是不得不告訴潛在客戶，你無法準時交件，就一定要提供客戶百分之二十的折扣。

在家喻戶曉的電影《三十四街的奇蹟》，聖誕老人在繁忙的聖誕節購物旺季，運用這項原則幫了梅西百貨一個忙。有個孩子坐在聖誕老人的大腿上，開口要一樣梅西百貨沒有賣的玩具。聖誕老人告訴孩子的爸媽，到附近的另一家百貨去買。孩子的爸媽對聖誕老人無私的舉動大為驚奇，不但再度光臨梅西百貨，還帶著親朋好友一起來。

幫你抓重點

誰都會說「不行」、「抱歉」，或「真不幸」。但你若能告訴潛在客戶你能做什麼，給予實質幫助，就能贏得他們的尊重與生意。要以正面平衡負面，而且一定要給客戶選擇。

速成祕訣118

你有沒有在聽？

資深業務員華特是個愛講話的極品。他還有不愛聽人講話的名聲，也因此損失慘重。僅僅在一次拜訪客戶的行程，跟他合作的製造商代表，已經三度察覺到客戶確定要購買，華特卻依然喋喋不休，毫無放慢速度的意思。客戶該知道的都知道了，華特還是滔滔不絕。華特不肯停下來聽客戶說，最後只能兩手空空離去。

你該怎麼做

你與潛在客戶會面，記得你說話的時間不要超過三分之一。客戶要是沒說話，你就問問題。你與你的團隊，都要練就傾聽的本事。畢竟需要滿足的是客戶的需求，不是你自己的需求。要給客戶表達需求的機會。

優質企業會培養出懂得有效傾聽的優質員工。問題是大多數招攬的對話，並不是聽與說，而是兩個人在等對方說完。大多數的潛在客戶要是準備成交，就會釋出要購買的信號。聽見信號是你的責任！

幫你抓重點

傾聽需要練習、專注與紀律。

速成祕訣119

早起的鳥兒有新客戶

想成為潛在客戶與客戶心中的首選，就要始終處在變遷、新產品與服務，以及新科技的尖端。每個人要跟得上當今世界的變遷，需要有決心，肯努力。

你該怎麼做

要立定志向，做業界懂得最多、最跟得上時代的企業。提供員工需要的工具，要求他們務必要用。你的員工要掌握最新資訊，客戶與潛在客戶就會知道你們跟得上時代。

湯姆在愛荷華州與威斯康辛州各地，經營生意頗佳的零售店。他認為他們的行銷優勢之一，是隨時掌握業界最新的資訊與變遷。為了掌握資訊，他與員工每月收到各種產業刊物。他們經常參與商展與製造商的展示會，也會細細閱讀製造商的郵件，看看有哪些新消息。他們也花錢訂閱幾種通訊，包括一家每日新訊傳真，了解市場動態。湯姆手下的業務員經常能夠在幾天前、幾周前，甚至幾個月前，得知即將出現的變革與創新。而他們的競爭對手要等到很久之後，才會聽到風聲。客戶認為要找資訊與產品，湯姆的公司就是最佳選擇。

幫你抓重點

我們生活在瞬息萬變的世界。你要是適應不了，就等著被打入業界的「倒閉名單」。

速成祕訣120

溝通的問題

在招攬新客戶的過程中，想有效溝通可能會難如登天。我們太常用言語溝通，有時會忘了其他溝通方式也同樣有效。別忘了視覺與書面溝通，也是吸引新客戶，維繫舊客戶的利器。

你該怎麼做

建立備份系統，留存電子郵件、語音信箱，或書面指示，以免口頭指示的內容遭到誤解，尤其是關乎客戶訂單，以及潛在客戶索取資訊的內容！

赫柏是一位白髮蒼蒼的經理，他將頂上的白髮稱為「智慧毛」。他最喜歡的智慧，是口頭指令有多危險。他說，溝通問題通常來自下列三種情況：

一、完全沒有溝通。

二、原始的溝通內容表達不當，或是被誤解。

三、溝通的各方自以為理解溝通內容，沒有確認資訊就逕行處理。

赫柏要求每一位員工使用一份鮮黃色的表格，最上方大大的粗體字印著「避免使用口頭指令」，最下方也印著「以書面溝通」。你在公司內部，還有面對潛在客戶，是如何做到有效溝通？

幫你抓重點

要記得訊息永遠是由接收者解讀。將溝通訊息訴諸文字，能大大提升正確溝通的可能性。

速成祕訣121

不接受「不」

想將潛在客戶變成客戶，必須克服最大的挑戰，也就是恐懼。很多業務員一聽見「不」，就放棄投降。但要招攬客戶，即使聽見「不」也不能放棄，而是要退後一步，分析全局，換一種新方法讓潛在客戶說「要」。

你該怎麼做

聽見「不」也不能放棄。要退後一步，想想你剛才使用的方式。再試試另一種方式。不斷努力，直到「不」變成「要」。

聰明的年輕人朗恩，是芝加哥一家公司的業務員。他做事有條理，儀容端正，口才便給，銷售業績向來不俗。唯一的問題是他無法招攬新客戶，公司上上下下也很困惑。後來公司聘請一位銷售顧問與朗恩一起出差，研究他的銷售方式。他們發現客戶一說「不」，朗恩就退縮，直接放棄，而不是想辦法將「不」變為「要」。前英國首相邱吉爾曾說：「竭盡全力是不夠的。有時候我們必須做該做的事。」

幫你抓重點

放棄才是真正被打敗。說出「我放棄」的那一刻，你已經打敗了自己。

速成祕訣 122

選擇性聆聽

提出承諾、主張，甚至隨口說話都要小心。客戶都有選擇性聆聽與選擇性記憶的毛病，對於談話與互動的內容，只會記得對他們最有利的部分！你跟客戶說一周後給，客戶三天後就會打電話給你，問東西在哪裡。你跟客戶說你覺得可以免費，客戶會想知道你打算付他們多少錢買這個東西。你說你做得到，後來又做不到，客戶再次光顧的機率就很渺茫。

你該怎麼做

你說出的話或承諾，潛在客戶或客戶如果有可能認為已經確定，你就要提醒他們：「沒有白紙黑字，就還沒有確定。」你覺得可以承諾的事情，就白紙黑字寫給客戶。

金融服務業的員工貝蒂拜訪一位潛在客戶。她對這位潛在客戶說，她絕對能以極低的價格，甚至免費提供宣傳組合。沒想到這句話變成她的惡夢。她下一次與這位經紀商客戶見面，對方就問她上次承諾的「免費全套宣傳組合」在哪裡。她赫然發現，隨口說出的一句話，都有可能對自己不利。

幫你抓重點

有些人會說謊，有些人真的有選擇性聆聽的問題。但無論如何，他們都會用你說過的話對付你。

速成祕訣123

要是有時間就好了

我的祖父曾說，會議與佈道都應該在一天之內結束。他超級不能忍受浪費時間。他覺得一天只有二十四小時，一定要善加利用。要知道客戶的時間很寶貴，尤其是客戶聽你說話的時間。企業主與員工如今最大的困擾，是必須在更少的時間內，完成更多的事情。

你該怎麼做

招攬客戶要格外重視時間管理，一開始就告訴客戶你的期待。

得獎的業務員麥克依循美式足球教練文斯．隆巴迪的規則。他赴約如果沒有提前十分鐘到，就覺得自己遲到了。他覺得他作為業務員的成績不差，最大的原因是尊重客戶的時間。他有三項簡單的規則：

一、與人有約務必早到或準時到。
二、一定要做好準備，不能手忙腳亂，也不能找藉口。
三、一定要在約定的時間結束，提醒客戶你很尊重他們的時間。

你是否總是早到，總是做好準備，總是尊重別人的時間？缺乏這些習慣，可能就是你無法招攬新客戶的主因。

幫你抓重點

「時間管理」一詞其實不太精準。你其實無法管理你的時間，你只能依據你所擁有的時間，管理你的人生。你尊重潛在客戶的時間，他們終究也會尊重你。

速成祕訣124

預先考慮障礙

作家約翰．紐柏恩曾說：「天下人可以分成三類：開創局面的人、看著別人開創局面的人，還有看不懂怎麼回事的人。」商業人士確實是如此，尤其是關乎招攬客戶與留住客戶。成功的祕訣在於問自己屬於哪一類人。更好的問題是問自己**應該**成為哪一類人。

你該怎麼做

要成為目標導向的管理者，尤其是在招攬新客戶方面。

知名作家與商業領袖法蘭克．巴希爾曾說，他教別人要設定目標，就要目標導向。他的目標設定訓練的重點，是預料到眼前的路會有障礙，必須克服才能達成目標。他說要把「嘗試」從你的字典拿掉，因為「嘗試」就會失敗，就會找藉口。如果飛行員說會「嘗試」安全降落，你還敢搭他開的飛機嗎？你設定了目標，就要對自己說：「我要做到。」然後就要做到。

幫你抓重點

有一位資深銷售經理，說他的手下只有兩種人：達成業績的人，以及找藉口的人。

速成祕訣125

決定不推銷

很多業餘業務員都認為，每次拜訪客戶都一定要推銷。經驗豐富的專業人士卻知道，往往必須經過許多研究、調查、診斷，才能思考成交的事情。

你該怎麼做

要研究、觀察、聆聽。要有耐心。要先找到你的競爭優勢，再開始推銷。

一家服務公司的老闆，對待屢次來訪的業務員始終很親切。但老闆認為他跟別人買，可以拿到最好的價格，最好的運送，以及最好的存貨管理。業務員花了超過六個月，才知道老闆說的幾乎都不對。很多供應商都在占他便宜，只是他沒有察覺。他有一些產品應該退貨，有一些剩餘的產品已無法退款，還有一些欠款早就該收回。經過六個月，這位精明的業務員終於證明她是對的。她把證據呈現給老闆看，證明她的全套服務組合是更好的選擇，老闆也就立刻從潛在客戶變成客戶。

幫你抓重點

要記得，拜訪客戶的目的也許跟銷售完全無關，而是純粹蒐集重要資訊。

速成祕訣126

防彈溝通

你在招攬新客戶的過程，最危險的就是假設你與新客戶之間，已經有真正的溝通。我們收到那麼多雜誌、信件、電子郵件，以及傳單，還有很多個人信件，很容易忽略重要細節。如果能有另一雙眼睛檢查你在做的事情，就能做到防彈溝通。

你該怎麼做

永遠要安排另一雙眼睛，協助你檢查要交給潛在客戶的重要資料。要建立制度，每一份流傳出去的資料都要經過複核，確認內容連貫且清晰。校閱能防範問題於未然。

伊蓮是繁忙的祕書辦公室助理。她校閱文件的能力一流，能確認該有的細節沒有遺漏，還能找出可能會引發溝通問題的地方。辦公室的人都說這叫做「伊蓮測試」。任何新推出的創意，無論是傳單、請帖、廣告，尤其是邀請賓客參與，需要灌輸大量細節的活動，辦公室的規矩是「交給伊蓮」。伊蓮看過以後，要是能說出內容的細節，就代表文字簡明扼要。要是伊蓮看不懂內容的細節，那顯然需要修改。

幫你抓重點

從你的同事中找出一位「伊蓮」。

速成祕訣127

注意細節

潛在客戶會立刻察覺，而且會欣賞的，是不遺漏任何細節的業務員。你對於大事情與小細節都細心處理，他們馬上就會發現你是可靠之人。你對成功的視野，不應該只有大局而沒有細節。

你該怎麼做

給自己做一張卡片，上面寫著「誰？什麼？何時？何地？為何？多少錢？」想知道某個東西是否清楚完整，就拿出這張卡片檢驗。

美國軍隊是世上最可靠的組織之一。做任何事情都會加以檢驗。執行任務，或是參與活動之前，都會先思考以下的問題：誰？什麼？何時？何地？為何？多少錢？思考這六個問題，對眼前的工作就能理解透澈。你與潛在客戶往來，思考這六個問題，就能得到你所需要的相關資訊。在開始進行專案或工作之前，都要思考這些問題。要記住，天底下沒有「太關注細節就會失敗」這件事。

幫你抓重點

你學會分析接下來的工作，很快就能從大企業的世界，得到你想要的。

速成祕訣128

使用你的設計

真正懂得招攬客戶的企業，都有一份能提升招攬效果的構想清單，並且時時更新。你應該一直問自己一個問題：「我該如何在不投入更多人力的情況下，大幅增加招攬的效益？」答案是提升你的傳播媒介的能見度，讓潛在客戶第一個聯想到你。

你該怎麼做

研究平面設計的選項，思考以全新的方式，找出你的傳播媒介。你的目標是吸引眾人的目光，告訴大家你是誰，你是做什麼的，該如何聯繫你。

即使預算很少，甚至沒有預算的中小企業，都需要為自家的傳播媒介，打造獨特形象。無論是只有一個，還是有一百個傳播媒介。想想你有多快認出黑白相間的警車、救護車，以及設計簡單卻有效的黃色計程車。如果你的預算較為寬裕，想想UPS是如何將成千上萬台醜醜的棕色卡車，變成國際知名的商標。這些圖像都是刻意設計出來的。看看你的公司，思考有哪些獨特的因素，可以用來提升能見度。

幫你抓重點

成功是偷來的，不是你自己發明的。模仿成功的人所做的事情，你也一樣會成功。

速成祕訣129

微笑，微笑，微笑

只有兩種人能贏得新客戶的心：應該與你共事的人，以及永遠不會與你共事的人。兩者的差異有時很難察覺，但我可以給你一個提示，重點是：微笑！

你該怎麼做

發明你自己的微笑測驗。觀察別人工作時的面部表情，你就能徹底了解，此人在你的公司的前途。

日本各地的速食菜單跟美國的一模一樣：漢堡、薯條、汽水。最大的差異在於日本的速食菜單的右下角，幾乎清一色都是一行字：「微笑：零日圓」。正面的態度與體貼的客戶服務是免費的，也是客戶再度光臨某家餐廳的原因。聘請新員工，要只聘請臉上帶著大大微笑的人。

幫你抓重點

即使是脾氣最壞的潛在客戶，也希望能與會微笑的人打交道。這個會微笑的人一定要來自你的公司。

速成祕訣130

要明白不知道也沒關係

說是自尊也好，自豪也好，虛榮也罷，無論你怎麼稱呼，美國人碰到自己不知道的事情，多半不願承認自己不知道。真正聰明的人，曉得自己不知道也沒關係，而且會花時間，花精神尋找答案。要訓練你的員工，對於不知道的事情，要尋找資訊，而不是說謊，或不理會客戶的要求。

你該怎麼做

明白自己不知道，就要承認自己不知道，請教知道的人。這應該成為公司政策，否則你會趕走潛在客戶。

雷蒙開車走了幾乎八十公里的路，到一家電腦商店，因為他需要一個很專門的零件。他問店員，這個零件究竟是否有用，店員回答：「應該可以吧。」雷蒙聽見這話，他的內建測謊器立刻響起。他走出那家店，前往另一家電腦商店，這次得到了可靠的答案。他覺得一個人不知道答案沒關係，只要願意去請教知道的人就好。

幫你抓重點

無知純粹就是不知道。愚蠢則是明明不知道，卻假裝知道。

速成祕訣131

別當笨拙包柏

戴爾・卡內基說過，推銷說穿了就是經營關係，其中百分之十五是你掌握的**知識**，百分之八十五是你認識的人。這項原則很簡單，但也有問題。你若是沒有掌握百分之十五的知識，不了解你的產品與服務，就會失去潛在客戶的信任，客戶服務的品質也會打折扣。

你該怎麼做

每個月都要閱讀重要的銷售資料、公告，以及促銷資訊，事先做好準備，知道該如何回答潛在客戶的問題。另外要記得準備給潛在客戶看的資料。

包柏的量販店每個月都會發布當月的特賣商品清單，包柏的客戶每個月都會向他問起這些特賣商品。但客戶只要一問起，包柏就得走到車上，從成堆的文件中，翻出當月的傳單。他把皺巴巴，上面還布滿咖啡漬的傳單拿進來，一個字一個字唸給潛在客戶聽。後來有一位潛在客戶對他說：「包柏，我送你一個綽號，叫『笨拙包柏』，因為你連自家的產品與服務都懶得搞懂。你還當我是傻瓜，這些資料我明明都可以自己看。」客戶那天說的話，對包柏來說簡直是當頭棒喝，從此他懂得尊重客戶，拿出的資料一律乾淨整齊。現在的他還會將特賣品傳單，直接郵寄給客戶。

幫你抓重點

你該知道的東西卻不知道，看在潛在客戶的眼裡，就覺得你其實不重視他們，也就不會跟你做生意。

速成祕訣132

創造你的個人金礦

你知道什麼東西比昨天的報紙、放了一星期的麵包，或是五年前的電話簿更不值錢？是不正確的資料庫。你往後招攬新客戶的成功機率，主要取決於你的潛在客戶名單的規模與品質。今天就是最好的機會，要下定決心，潛在客戶名單要時時更新，要正確，也要切中目標。

你該怎麼做

設計一種表單，潛在客戶的名單一旦有變，員工就要填寫表單通知你。請員工將表單放在電話旁邊或是辦公桌上，使用較為方便。

瓊安很快就發現，潛在客戶名單只要妥善管理，時時更新，就會是最好用的工具。她決定要按照下列方式，保持資料庫的內容正確：

一、公司的人一旦通報資料異動，她就立刻拿起電話，確認資訊。

二、要求同事一旦得知潛在客戶的情況有變，例如人員、電話號碼，或是地址，就要通報。

三、在公司寄出的所有郵件的寄件地址的下方，寫上「要求更正地址」。萬一地址更改，郵局就會通知她。

想確保資料庫的內容正確，一定要多管齊下，蒐集並維護正確的資訊。

幫你抓重點

你肯投注資源維護未來客戶資料庫，你的未來客戶資料庫就會照應你。

速成祕訣133

瘋狂原則

愛因斯坦發明了他所謂的「瘋狂原則」，意思是神智正常的人不可能做同一件事情很多次，卻指望會出現不一樣的結果。

你該怎麼做

每次突襲電訪結束後，都要問自己，說法與做法有哪些地方需要調整？將你的答案記錄下來，加以研究，依據你自己的看法，做出調整。

一位專業業務員在一年之內，突襲電訪六百家企業。每次電訪都能讓他慢慢克服對於未知的恐懼。每次突襲電訪過後，他都會問自己兩個問題：哪些**事**其實不該做？哪些話其實不該**說**？他再把最近十次電訪的答案重看一遍，將往後的電訪模式稍稍調整，追求更好的效果。

幫你抓重點

從每一次的經驗徹底反省，運用所學改善往後與客戶的互動。

速成祕訣134

小心致命的窠臼

你知道窠臼與墳墓的差別嗎？把墳墓的兩端打掉，就是一個窠臼。一般人很容易陷入窠臼，把客戶視為理所當然。有這種心態，你的簡報聽起來就像鸚鵡學舌，只是不斷重複同樣的東西。

你該怎麼做

準備每一次簡報，都要當成是第一次簡報。有時候只需要端出嚴肅的表情便已足夠。你是否盡了全力，潛在客戶與客戶都看得出來。

你每一次向潛在客戶做簡報，都要當成是第一次做簡報。要全心投入，要掌握重點，提出關鍵問題，帶著潛在客戶把整個內容爬梳一遍。要記得，潛在客戶是第一次看見這些內容。不要像鸚鵡學舌一樣背誦。

幫你抓重點

你的簡報如果不能傳達「你在乎」的訊息，你的潛在客戶得到的訊息就是「你不在乎」。

速成祕訣135

尋求幫助

你帶著專家一起拜訪客戶，就會看見神奇的事情。你會發現原本沒時間聽你說的潛在客戶，一看見他們心目中的權威，突然就有時間停下來聽權威開釋。要勇敢向能幫你吸引潛在客戶的製造商、經銷商，以及零售商求助。

你該怎麼做

列出所有能助你一臂之力的人，請他們幫忙，再一起去拜訪客戶。你會發現原來你的隊友如此樂意相助，而且助力竟如此之大。

評估你的市場，思考誰能幫你。找到幫手之後，就拜訪那些以前沒空聽你說的潛在客戶。向客戶介紹與你同行的專家，看看結果怎樣。攜伴拜訪客戶有一種神奇的效果，原本緊閉的門也許會因此開啟。場面也許會尷尬，但絕對會有效益。要勇於尋求別人幫助。

幫你抓重點

放下自尊，尋求協助，神奇的事情就會發生。

速成祕訣136

強調正面的部分

正面的態度也許是你能贏得新客戶的首要原因。俗話說得好：「隨便一個傻子都會批評、譴責、埋怨，大多數的傻子也就這麼做。」要在商場上如魚得水，但你無法選擇合作的對象，所以，還不如善加利用每一段合作關係。你能否成功的關鍵，並不在於你遇到的人，而是在於你如何對待你所遇到的人。

你該怎麼做

每天都要選出三件正面的事情與人分享。如果下雨，就說雨水有益玉米成長。如果天氣寒冷，就說會有更多就業機會釋出，因為很多人需要買大衣。如果起風了，就說全國各地新設的風車，可以製造多少電力。

經驗豐富的專業人士說，遇到批評、譴責、埋怨的人，你可以做三件事：

一、要留意自己的言語。別沾染對方的負能量，否則只會每況愈下，你們兩人都會受傷。

二、不要附和對方的負面言語，不然負能量只會沒完沒了。對方往往只是在試探你。

三、在適當時機，換個正面的話題。散播樂觀的情緒，大家都會更開心。

幫你抓重點

真正的專業人士，絕對不會附和他人的批評、譴責與埋怨。

速成祕訣137

要駕馭網路

要掌握最新的研究、事實與數據，要知道競爭對手的動向，你的公司又即將面臨哪些事情，天底下沒有比網路更好的資源。你能駕馭網路的力量，就能為你的公司贏得客戶。

你該怎麼做

教大家使用網路，要開發潛在客戶，也一定要上網做功課。

在網路上什麼資訊都找得到，從如何蒐集魚餌，到升起美國國旗的正式程序都有。想知道你家那一帶的人口統計數據，以及出生與死亡紀錄，上網搜尋就立刻有答案。你不運用這些工具，就無法解決無知的問題。用網路做研究，你就能比競爭對手更聰明，更快速。

幫你抓重點

你該做的功課沒做，該做的研究沒做，等於把優勢平白送給競爭對手。

你豈能容許這種事情發生？

速成祕訣138

要講實話

商人多半分得清對錯，也分得清誠實與欺騙。但還是有些人遊走在灰色地帶，自以為為了爭取新客戶，大可欺騙、操縱，甚至玩弄真相。長遠來看，說真話，說完整的真話，而且只說真話，才是邁向成功的正道。

你該怎麼做

用這句話分析廣告：廣告的內容是否真實，大家會不會相信？

有一家金礦公司的廣告宣稱「分析師預測金價在未來將成長一倍」。這種預測並不犯法（其實法律應該要禁止），但確實像在說服你，投資黃金就對了，而且跟他們公司買黃金，絕對會發大財，賺進天文數字。但這其實是欺騙。是，金價**確實**有可能在未來翻倍，但誰知道到底什麼時候才會翻倍，誰又能保證一定會翻倍？

幫你抓重點

你招攬潛在客戶，只要說真話，說完整的真話，只說真話，就絕對不會惹禍上身。

速成祕訣139

你的成績究竟如何？

想知道你能否吸引更多客戶，最準確的指標就是你與現有客戶的關係。大多數的公司很少思考這個問題，以為只要沒接到客戶反映，就代表大家都開心。但其實只有兩種客戶會反映：欣賞你的，還有對你不滿的。真正要命的是那些不發牢騷不埋怨的沉默大多數。他們只會一聲不響離開你，投向你的競爭對手的懷抱。

你該怎麼做

建立一個制度，定期邀請客戶發表意見，你才知道客戶對你的服務的評價，也更能吸引並留住你想追求的潛在客戶。

一家公司定期送貨給包柏的機械維修部門。公司的業務員問包柏對服務是否滿意，聽見「需要改進」四個字，著實吃了一驚。包柏說服務品質在這幾個月每況愈下。有一次他急著要一個東西，還得跑到附近的另一家公司。聰明的業務員利用這一天，調查這一帶其他客戶的意見。這才發現公司服務品質嚴重退步，被很多客戶嫌棄。

業務員那天傍晚與公司高層開會，發現公司因為經營偏遠地區的業務，占用大量的人員與卡車，無法送貨給現有的好客戶。最後的結果是公司必須對偏遠地區的某些客戶說，抱歉無法再服務，並且重新經營對主力客戶的服務。你的服務品質究竟如何？此時此刻如果有局外人詢問你的客戶，他們究竟會怎麼說？

幫你抓重點

沒有客訴並不代表你的客戶沒有砲火。客戶可能只是在重新裝填子彈，裝好了就會繼續砲轟。

速成祕訣140

認識「常見銷售狀況」大叔

你已經知道，贏得新客戶需要堅持、努力，還要大量做功課。你要是以為不會遇到反對、阻礙，或是藉口（而且沒有準備解決方案），生意就會比美泰克洗衣機的維修人員還要冷清。訣竅在於你要預先想好，萬一客戶有意見，你該怎麼說，怎麼做。

你該怎麼做

找出「常見銷售狀況」的前十名，預先規畫因應之道。要先想好如何回應客戶的質疑。

喬是銷售訓練課程的高手，收入高達六位數美元，因為他能預料客戶會有的問題，也準備好答案。他把這些問題稱為「常見銷售狀況」大叔。他能預料買家會說些什麼，事先想好該如何應對。舉個例子，有一位潛在客戶說，他不會買喬推銷的訓練課程，因為有些員工不打算使用。喬反而稱讚這位潛在客戶，說他這話一點都沒錯。但喬也說研究結果已經證明，這位客戶的公司有些業務員**願意接受**這套課程，而且課程結束後，他們的銷售量會大增，會為他賺進大把鈔票。他是對的。這位先生最後簽下訓練教材的訂購單，而將潛在客戶轉為新客戶的喬，則是拿著鈔票走進銀行。

幫你抓重點

要學會童子軍的思考方式，預先做好準備。先想好萬一被狠狠打槍，該跟客戶怎麼說。

速成祕訣141

不要隨便路過

潛在客戶想要、也需要覺得受到重視、尊重、喜愛。你給他們這種感受，他們也會有所回應。你跟客戶說你「碰巧在附近」，要順道拜訪，等於告訴客戶你是湊巧路過的觀光客，做事情沒規畫、沒盤算。客戶對你的信任也就大打折扣。無論你那天還要見多少人，還要做哪些事，千萬要讓客戶覺得備受禮遇，覺得你是專程來訪。

你該怎麼做

要知道哪些事情能讓潛在客戶覺得受到重視、尊重、喜愛。做到這些事，你的新客戶人數就會直線上升。

資深保險業務員包柏每次拜訪潛在客戶，總是禮敬有加，客戶都覺得不跟他買保險，簡直就是對不起他。他一天無論是只拜訪一位潛在客戶，還是十位，總有辦法讓每一位客戶都覺得，自己是包柏唯一拜訪的公司。你該怎麼做，才能讓潛在客戶知道，他們對你來說是世界上最重要的人，而你前來拜訪，是因為重視他們？

幫你抓重點

讓潛在客戶覺得備受禮遇，會有天大的收穫。客戶會衷心期待再見到你。

速成祕訣 142

不要售後不理

他的名字是約翰・凱西・潘尼，但你大概要聽見他所創立的傑西潘尼百貨公司，才會聯想到他。潘尼是零售商店的先驅，他認為最好的服務就是售後服務。他知道要追蹤客戶的售後需求，而且要言出必行。這些都是長遠經營客戶關係的關鍵。

你該怎麼做

看看你提供給客戶的產品與服務，其中哪一項適合進行售後追蹤，以建立客戶關係？哪些最有可能出問題？再根據這些問題的答案，發展「售後服務」計畫，你就能留住寶貴的新客戶。

從割草機到聯合收割機都能製造的強鹿公司推出一項新計畫，販賣高價的優質割草機。公司承諾每一位買家，割草機使用幾次之後，強鹿的服務技師會登門拜訪，從六方面檢查割草機。服務技師會再三確認割草機運作正常，該調整的都調整了。客戶可以一連使用許多年，不太需要維修。強鹿公司也有機會及早發現問題，以免小問題演變成大災難。公司還可以向客戶強調，他們花錢買了優質產品，往後應該可以省下大筆緊急搶修的費用。你能提供客戶什麼樣的售後服務，吸引他們往後再次光顧？

幫你抓重點

提供售後服務是很大的優勢，因為幾乎沒人會提供。

速成祕訣 143

整理你的潛在客戶

若你需要整理、追蹤、開發許多潛在客戶，那麼購買一套潛在客戶資料庫管理軟體，對你來說應該是划算的投資。這種軟體能將招攬客戶的工作加以形式化、組織化、系統化，還能製作你的績效報表。

你該怎麼做

研究現有的資料庫應用程式，選擇最適合你的公司的一款。再建立客戶資料庫。要記得，資料庫要更新才有價值。

很多超級重視開發新客戶的業務員，對於資料庫應用程式的眾多功能大表驚奇。試試幾種高人氣的品牌，例如ACT、Goldmine、Microsoft Access，或是Microsoft Outlook，了解如何打造客戶資料庫。自動化的軟體應用程式可用於寄送郵件、留存客戶拜訪紀錄、傳送電子郵件與傳真，以及列印要傳送給潛在客戶的客製化信件。要管理大量的潛在客戶，就必須具備實用的資料庫應用程式。

幫你抓重點

開發新客戶的祕訣，是以有系統的方式，持續追求新客戶。

速成祕訣144

失敗的痛苦

坦白說，招攬新客戶有時候真的太不容易。一而再，再而三聽見「不」。你深感挫敗，內心的聲音要你放棄，要你離去。你想放棄，想回家。但你該做的不是向挫敗低頭。你承受敗仗的挫折，該做的是擬訂計畫，重振你的力量與精神。

你該怎麼做

找出那些能鼓勵你的人。而且要做好規畫，覺得被打敗、想放棄的時候，能有個地方能讓你重新振作力量與精神。

業務員艾德每次來找我們，總是鬥志高昂，準備大顯身手的樣子。我們公司的每一個人都很喜歡見到他，我們也很積極推銷他的產品。有一天下午，我問他可曾有過灰心喪志的時候。他說有，我聽了好驚訝。我又問他，灰心喪志的時候都做些什麼？他說，他會拜訪那些喜歡他、支持他、相信他、鼓勵他的客戶。我問他這些客戶是誰，他說：「你就是其中一位。我沮喪的時候，就去拜訪你還有另外兩位客戶，你們給了我再出發的動力。這就是我克服挫折感的方法。」

幫你抓重點

勝利的喜悅與失敗的痛苦，是每個人都會有的情緒。重點不是發生的事情，而是你如何因應。

速成祕訣 145

碰到意外也不意外

在追求新客戶的過程中，難免會遇到些挫折，會失望沮喪。人生的真相會告訴你，想贏得新客戶，有時候就是不會成功。會有一些事情拖慢你的腳步，還會有意料之外的挑戰。但你能贏得新客戶，關鍵並不在於你遇到了哪些事情，而是你如何因應你所遇到的事情。你要學會碰到意外也不意外。

你該怎麼做

寫下「碰到意外也不意外」，遇到稀奇古怪的事情，就要記得這一點。

你一連奮鬥幾個月，努力爭取新客戶的業務，卻還是逃不過命運無情的捉弄，對方一聲聲「不需要」、「抱歉」、「我們用別家了」，殘酷到令你心碎。你能怎麼做？你可以有怨氣，也可以有志氣。每個人都可以選擇提升自己的競爭力，將人生路上的絆腳石變成跳板。遇到挫折就提醒自己，「謝謝再聯絡」也可以是一種挑戰，利用失敗的經驗，壯大自己的力量。你有生存下來的本事，所以重新整頓之後，就出發尋找新客戶。

幫你抓重點

銷售高手都跌倒過一千次，站起來一千零一次。

速成祕訣146

有些錢不能省

你的公司想吸引新客戶，形象是最重要的。要花錢打造形象，尤其是如果你希望成為客戶心目中的首選。名片、信封、手冊，所有平面印刷資料，比所有的言語更能代表你的價值（程度超過任何一項因素）。

你該怎麼做

聯絡能提供少量印刷與倉儲服務的平面設計師或印刷廠。

要下定決心，不要做個業餘人士，要向上提升到專業等級。現在是電腦出版與即時印刷的高科技世界，製作客戶可能會看見的任何東西，要記住質永遠比量更重要。

幫你抓重點

想在潛在客戶面前展現最好的一面，千萬要記得先精心打扮。

速成祕訣147

做個資訊通

現在的市場有滿滿的資訊，也超容易忽略資訊。想贏得潛在客戶與現有客戶的青睞，有個辦法是提供他們感興趣的資訊。善用你的協會會員身分，還有你的產業期刊、日報，以及信件，提供客戶可能想接觸的資訊。絕對不要假設客戶已經擁有這些資訊，因為客戶每天接觸的資訊太多，應該不可能來得及消化。將重要資訊影印一份，附上一封短信，客戶就能體會你的用心，知道你是真心想滿足他們的需求。

你該怎麼做

善用你的協會會員身分、產業期刊，以及其他資源，做個資訊通。找出你的前十大潛在客戶，判斷該寄給他們哪些資訊。

我的朋友迪克有個神奇的本事，總能找到我感興趣的東西。無論是在旅途當中寄給我的明信片、一篇與我嗜好有關的文章，或是關於未來的預測，他總能料中我的喜好。我每次打開他寄來的信，甚至收到他寄來的電子郵件，總是充滿期待，因為我知道裡面一定有專為我準備的好東西。要讓潛在客戶第一個聯想到你，要在他們的心中留下印象，認為你真心在乎他們的需求。在這個冷漠的世界，你就能成為一股暖流。

幫你抓重點

也許你寄給潛在客戶的一份資料，會助你拿下這位客戶所有的生意。

速成祕訣148

專心擦亮招牌

「名聲」在字典的定義是「一般人對某人某物的看法」。換句話說，別人思考要不要跟你做生意，你的名聲會是他們選擇你或選擇別人的關鍵。很少企業主或經理人知道，擁有好名聲是吸引新客戶、留住舊客戶的關鍵。

你該怎麼做

在市場上打聽你自己，還有你公司的名聲。發現一個人不滿意，就可以推斷還有另外十個人不滿意，只是沒有告訴你而已。要極力捍衛自己的名聲。

要向米其林輪胎公司學習。這間公司多年來打響了製造最高品質輪胎的招牌。在二〇〇五年於印第安納波利斯舉行的美國一級方程式賽車，十四輛由米其林生產的賽車（超過場上半數的賽車）退賽。幾千名民眾大為光火，覺得受騙上當。米其林幾乎是在事發當下，就立即出手維護自家名聲，先是向購票民眾致歉，據說還砸下一千萬美元，退款給不滿的民眾。米其林在那次事件想必是損失慘重，但損失的金錢在未來幾年能賺回來，因為這家公司以該有的行為，保護自家的名聲。

幫你抓重點

有人說過往的表現最能預測未來的表現，所以你的名聲也代表你未來會有的表現。擁有好名聲，就能贏得客戶，聲名狼藉可就不妙了。

速成祕訣149

要投資自己

你會不會好好照顧家人、另一半，還有父母？你關不關心你的社區、公民團體，還有你家附近發生的大事？如果會，那真是太好了！給你按個讚！那你會不會好好照顧自己呢？現在是不是應該投資你的未來，投資你往後的人脈？無論你推銷的是哪一種產品或服務，你的工作其實就是跟人打交道，只是碰巧要銷售現在的產品或服務罷了。

你該怎麼做

看看附近有哪些訓練機構，提供關於領導統御、銷售、人際關係等主題的課程。市面上有不少優質的課程，包括我最喜歡的卡內基系列課程。

那一年，十九歲的吉米很討厭自己的模樣，連鏡子都不想照。他在學校成績不好，對於運動也不拿手，體重始終超標。後來他看見一則廣告，是一項保證能提升自信的激勵課程。他報名了卡內基課程。成效之好讓他出乎意料，短短幾個禮拜，這項投資徹底翻轉他的人生。他從卡內基課程學到實用的工具，不僅對自己有信心，對自己與他人相處的能力也有信心。你現在是不是應該要投資自己？很多頂尖銷售高手，都是卡內基的學員。你也該拜卡內基為師。

幫你抓重點

作家詹姆斯．艾倫曾說：「一個人的想法，道盡他的為人。」更自信的你就會更成功。

速成祕訣 150

堅持的重要

你第一次招攬客戶，應該沒有幾位會說「要」，但你繼續招攬第二、第三、第四次，成交的比例就會大增。等到第五次，就會有神奇的效果，也許是因為客戶看出你的堅持，對你往後的服務品質有信心。

你該怎麼做

要堅持下去。要不斷告訴客戶，你隨時樂意為他們服務，他們遲早會點頭。在此同時，要做到我們在這本書討論過的每一件事，等到時機成熟，他們就會第一個聯想到你。

要贏得新客戶，就要告訴他們，你願意當他們現在的廠商的候補。你將自己定位為候補，一旦客戶現在的廠商出錯，你就有機會取而代之。關鍵在於在客戶有需求，或是想換人的時候，你就在他們的面前。所以要堅持下去。要不斷招攬，客戶現在的廠商遲早會出錯，你就能拿到生意。你問我們怎麼會知道？你自己出錯過多少次？

幫你抓重點

「眼不見，心不念」是至理名言。不斷出現在新客戶面前，就能拿下新客戶。

關於作者

幾十年前，傑瑞・威爾森從管理一家販賣汽車零件的小店開始，展開他的職業生涯。當時很難想像，往後的他會成為世界知名的行銷專家，還發明了創新行銷與留住客戶的哲學。

但事實就是這樣。傑瑞將他的汽車零件小店，發展成當地數一數二的零售集團，而且獲利驚人。僅僅擴展自家企業的銷售成績，並不能滿足他。他更進一步將自身經驗發揚光大，很快就發展出知名的零售集團，以及銷售管理顧問事業。

傑瑞廣受好評的作品 *Word-of-Mouth Marketing*、*138 Quick Ideas to Get More Clients*，以及 *How to Grow Your Auto Parts Business* 在全球各國以多種語言的版本銷售。他也為加拿大與美國的協會與產業期刊，撰寫一百多篇專文，傳授留住客戶的祕訣。

傑瑞依據自身經驗，發明全新行銷哲學「客戶學（Customerology）」，指導企業累積並留住滿意的客戶。身為顧問，他指導 Firestone、Merchants Tire、Stanley Publishing，以及 Ripley's Believe It or Not! 等企業重新思考留住客戶、服務策略，以及商業實務。他也擔任美國某州一家大型產業公會的執行董事，以及美國與國際商業領袖的顧問。

在紐西蘭，傑瑞與彩虹的盡頭主題樂園管理團隊合作，全面整頓一度瀕臨破產的主題樂園。管理團隊依據傑瑞的建議，改造主題樂園的客戶關係系統，入場人數比前一年大增七萬人。這是實踐客戶學所帶來的具體成就。

在總部位於維吉尼亞州，擁有一百多家輪胎與汽車修理連鎖店的 Merchant's Tire，傑瑞也協助管理階層展開降低客訴量的計畫。Merchant's Tire 採用客戶學系統之後，客訴量大減超過一半。

這些驚人的成功案例，吸引大批機關團體爭相邀約傑瑞演說。傑瑞以專業講者的身分，向超過一千個團體發表演說，足跡遍及美國五十州，以及加拿大、紐西蘭、印尼，以及南美洲。他的主題演講、講座，以及研討會，嘉惠了世界各地無數的企業與團體。

傑瑞榮獲全國講者協會頒發的專業講者證書，全世界僅四百位講者得此殊榮。他擔任過兩屆全國講者協會的印第安納州分會會長，亦曾擔任印第安納州分會的專業講者認證委員會的主席。

傑瑞亦名列《美國中西部名人錄》及《世界成就名人錄》。

中英名詞對照表

人物

山姆・沃爾頓　Sam Walton
文斯・隆巴迪　Vince Lombardi
卡拉・摩根博士　Dr. Carla Morgan
艾爾・賴茲　Al Reis
亞特・林克萊特　Art Linkletter
法蘭克・巴希爾　Frank Basile
威廉・亞瑟・沃德　William Arthur Ward
威廉・愛德華茲・戴明　W. Edwards Deming
威爾・羅傑斯　Will Rogers
柯普梅爾　M. R. Kopmeyer
約翰・紐柏恩　John Newborn
約翰・凱西・潘尼　John Cash Penney
傑克・屈特　Jack Trout
傑瑞・威爾森　Jerry Wilson
喬爾・威爾登　Joel Weldon
詹姆斯・艾倫　James Allen
雷・考克　Ray Kroc
赫柏・華洛　Herb Wardlow
戴爾・卡內基　Dale Carnegie
羅傑・盧延加　Roger Looyenga

書刊／媒體

《人很有意思》　*People Are Funny*
《三十四街的奇蹟》　*Miracle on 34th Street*

《世界成就名人錄》　World Directory of Men of Achievement

《我的人生思考1：意念的力量》　*As a Man Thinketh*

《定位：在眾聲喧嘩的市場裡，進駐消費者心靈的最佳方法》　*Positioning: The Battle for Your Mind*

《美國中西部名人錄》　Who's Who Directory of the Midwest

其他

一號印象　Image One

全國講者協會　National Speakers Association (NSA)

米其林輪胎公司　Michelin Tire Company

沃爾瑪　Wal-Mart

客戶學　Customerology

美泰克洗衣機　Maytag

密西根大學　The University of Michigan

專業講者證書　Certified Speaking Professional (CSP)

強鹿公司　John Deere

彩虹的盡頭主題樂園　Rainbow's End Theme Park

傑西潘尼　JCPenney

塔克曼乾洗店　Tuckman Cleaners

旗星銀行　Flagstar Bank

赫茲租車公司　Hertz

歐普蘭飯店　Opryland Hotel

客戶一直來一直來

隨時派上用場的150個吸引新客戶、留住老客戶的業務祕密

作者　傑瑞・威爾森（Jerry R. Wilson）
譯者　龐元媛
主編　劉偉嘉
校對　魏秋綢
排版　謝宜欣
封面　萬勝安
社長　郭重興
發行人兼出版總監　曾大福
出版　真文化／遠足文化事業股份有限公司
發行　遠足文化事業股份有限公司
地址　231 新北市新店區民權路 108 之 2 號 9 樓
電話　02-22181417
傳真　02-22181009
Email　service@bookrep.com.tw
郵撥帳號　19504465 遠足文化事業股份有限公司
客服專線　0800221029
法律顧問　華陽國際專利商標事務所　蘇文生律師
印刷　成陽印刷股份有限公司
初版　2021年 3 月
定價　360元
ISBN　978-986-99539-3-1

國家圖書館出版品預行編目 (CIP) 資料

客戶一直來一直來：隨時派上用場的150個吸引新客戶、留住老客戶的業務祕密／傑瑞・威爾森（Jerry R. Wilson）作；龐元媛譯．
-- 初版．-- 新北市：真文化，遠足文化事業股份有限公司，2021.03
面；公分 --（認真職場；12）
譯自：No nonsense: attract new customers: 100+ ideas to bring in more customers
ISBN 978-986-99539-3-1（平裝）
1. 顧客關係管理 2. 顧客服務
496.5　　110002571